8
1970

Faserforschung und Textiltechnik

WISSENSCHAFTLICH-TECHNISCHE ZEITSCHRIFT
FÜR DIE CHEMIEFASER- UND TEXTILINDUSTRIE

BEGRÜNDET VON
ERICH CORRENS UND WALTER FRENZEL

HERAUSGEGEBEN VON ERICH CORRENS
WOLFGANG BOBETH – HANS BÖHRINGER – HERMANN KLARE
BURKART PHILIPP – CHRISTIAN RUSCHER

SCHRIFTLEITER J. BRÄMER UND I. RUSCHER

AUS DEM INHALT

AKADEMIE-VERLAG BERLIN

Faserforsch. u. Textiltechnik • 21. Jahrg. • Heft 8 • Seiten 317–360 • Berlin im August 1970

DK 687.053.64-523:687.053.1/.5:531.232

Nestler, Roland

Das Drehmomentverhalten von Industrie-Nähmaschinen
Teil I. Analyse des Drehmomentverhaltens

Faserforsch. u. Textiltechnik **21** (1970) 8, S. 317—322.
9 Abb., 4 Lit.

Für die weitere Verbesserung der Industrie-Schnellnähmaschinen ist die genaue Kenntnis des Drehmomentverhaltens unbedingt erforderlich. Das Gesamt- und Teildrehmomentverhalten der Industrie-Nähmaschine wird analysiert und festgestellt, daß der Drehmomentverlauf der Hauptwelle vor allem durch die Wirkungsweise einzelner Nähwerkelemente ungünstig beeinflußt wird.

DK 677-042.5:677-042.71:677.017.435

Mikut, Reinhard

Beitrag zur Bestimmung des Verhaltens von Bauschen und Fäden bei Druckeinwirkung
Teil I. Analyse des Druck-Verformungs-Verhaltens und Auswahl des Prüfverfahrens

Faserforsch. u. Textiltechnik **21** (1970) 8, S. 323—332.
5 Abb., 2 Tafeln, 55 Lit.

Infolge der außerordentlich komplexen, theoretisch nur schwer erfaßbaren Vorgänge bei der Druckeinwirkung auf Faserbausche und Fäden besteht die Notwendigkeit, die Wirksamkeit der möglichen Einflußgrößen systematisch experimentell zu erforschen. Hierzu wurden auf der Grundlage einer Klassifizierung der bisher bekannten Prüfverfahren zur Ermittlung der Druck-Verformungs-Eigenschaften von Faserbauschen und Fäden eine verbesserte Lamellenprüfeinrichtung und ein Prüfverfahren für Druck-Verformungs-Versuche an Bauschen und Fadenbündeln entwickelt.

DK 674.031.32:674.038.15:661.728:581.4

Patscheke, Gerhard, und *Zenker, Ruth*

Über die Beziehungen von Cellulose- und Zugholzgehalt des Pappelholzes

Faserforsch. u. Textiltechnik **21** (1970) 8, S. 332—338.
2 Abb., 4 Tab., 14 Lit.

Die Cellulose- und Zugholzgehalte von Holzproben 15jähriger Stämme von 14 Pappelsorten wurden bestimmt. Die Cellulosegehalte erwiesen sich abhängig von Einflüssen der Sorte, der Höhe am Stamm und der Größe des Zugholzanteiles und besaßen eine erhebliche Streuung. Die holzstrukturellen Ursachen dieser Zusammenhänge werden diskutiert.

DK 674.032.475.342:674.038.15:676.1.022.16:661.728.6:581.4

Jacopian, Vazgen, Philipp, Burkart, und *Schleicher, Harry*

Untersuchungen zum Einfluß der Holzbeschaffenheit auf die Eigenschaften von im Labormaßstab nach dem Sulfitverfahren hergestellten Lärchentextilzellstoffen

Faserforsch. u. Textiltechnik **21** (1970) 8, S. 339—341.
1 Tab., 9 Lit.

Unter Verwendung je eines stark verkernten, druckholzfreien und eines unverkernten, reaktionsholzhaltigen Stammstückes von Larix decidua wurde der Einfluß von Basenart (Ca, Na), Druckholzanteil und Kernholzanteil auf die Qualitätskriterien (einschließlich des Viskosefilterwertes) von im Labormaßstab erkochten Textilzellstoffen untersucht.

DK 678.746.222:541.24:541.8:535.36:539.2

Dautzenberg, Herbert

Lichtstreuung an mäßig konzentrierten Polystyrollösungen
Teil II. Einfluß der Präparationsbedingungen

Faserforsch. u. Textiltechnik **21** (1970) 8, S. 341—347.
12 Abb., 1 Tab., 5 Lit.

Da bei der Untersuchung von Polystyrollösungen im Konzentrationsbereich bis zu 1% festgestellt wurde, daß die Streuintensität der Lösungen von den Präparationsbedingungen abhängt, wurden die Streukurven von unterschiedlich zentrifugierten Lösungen einer Polystyrolfraktion mit der relativen Molekülmasse von $7,1 \cdot 10^6$ in Abhängigkeit von der Konzentration aufgenommen. Dabei zeigte sich, daß eine Erhöhung der Dauer und der Umdrehungszahl des Zentrifugierens zu einer Homogenisierung der Struktur in der Lösung führt.

DK 677.494.675:677.862.25:678.746.222:019.9

Bouillon, Günter

Modifizierungsreaktionen an Polyamidfäden. Eine Literaturübersicht
Teil I. Pfropfcopolymerisationen mit Styrol und Styrolderivaten

Faserforsch. u. Textiltechnik **21** (1970) 8, S. 348—355.
1 Tab., 65 Lit.

Die chemische Modifizierung von Polyamidfäden durch Pfropfcopolymerisationsreaktionen mit Styrol und Styrolderivaten wird anhand von Zeitschriften- und Patentveröffentlichungen bis zum Stand von 1969 erörtert.

Patentschau S. 355—357.

Literaturschau S. 357—360.

Die Zeitschrift „Faserforschung und Textiltechnik" erscheint monatlich in Heften zu 48 Textseiten im Format A 4. Der Preis für das Einzelheft beträgt M 15,– (Sonderpreis für DDR M 9,–), für den Vierteljahrbezug M 45,– (Sonderpreis für DDR M 27,–), zuzügl. Bestellgeld. Die Berechnung erfolgt zu Beginn eines Vierteljahrs für 3 Hefte. Bestellungen aus dem Gebiet der Deutschen Demokratischen Republik an ein Postamt, eine Buchhandlung oder den Verlag, aus der Deutschen Bundesrepublik an eine Buchhandlung oder die Auslieferungsstelle Kunst und Wissen, Erich Bieber, 7 Stuttgart 1, Wilhelmstraße 4–6, aus dem Ausland an eine Importbuchhandlung, den Deutschen Buch-Export und -Import GmbH., 701 Leipzig, Postschließfach 276, oder den Akademie-Verlag GmbH., 108 Berlin, Leipziger Str. 3–4 (Fernruf: 220441; Telex-Nr. 0112020; Postscheckkonto 35021) erbeten. Bestellnummer dieses Heftes: 1014/21/8. Alleinige Anzeigenannahme DEWAG-WERBUNG, 102 Berlin, Rosenthaler Str. 28/31, und alle DEWAG-Betriebe in den Bezirksstädten der DDR. – Bestellungen in der UdSSR nehmen entgegen: Städtische Abteilungen von „SOJUZPECHATJ" bzw. Postämter und Postkontore.

Herausgeber und verantwortlich für den Inhalt: Prof. Dr. Dr. Erich Correns, Institut für Faserstoff-Forschung der Deutschen Akademie der Wissenschaften zu Berlin, 153 Teltow-Seehof, Fernruf: Teltow 4831; Prof. Dr.-Ing. habil. Wolfgang Bobeth, Institut für Technologie der Fasern der Deutschen Akademie der Wissenschaften zu Berlin, 801 Dresden, Hohe Str. 6, Fernruf: 44721; Prof. Dr.-Ing. Hans Böhringer, Institut für Textiltechnologie der Chemiefasern Rudolstadt, Fernruf: Rudolstadt 2031; Prof. Dr. Hermann Klare, Prof. Dr. habil. Burkart Philipp und Dr. habil. Christian Ruscher, Institut für Faserstoff-Forschung der Deutschen Akademie der Wissenschaften zu Berlin, 153 Teltow-Seehof, Fernruf: Teltow 4831. Schriftleiter: Joachim Brämer und Dipl.-Chem. Ingeborg Ruscher, 153 Teltow-Seehof, Kantstr. 55. Verlag: Akademie-Verlag GmbH., 108 Berlin, Leipziger Str. 3–4. Satz und Druck: Druckhaus „Maxim Gorki", 74 Altenburg. – Veröffentlicht unter der Lizenznummer 1280 des Presseamtes beim Vorsitzenden des Ministerrates der Deutschen Demokratischen Republik.

Manuskriptsendungen sind an einen der Herausgeber oder die Schriftleitung zu richten. Für Inhalt und Form gelten die „Richtlinien für die Annahme und Abfassungen von Beiträgen", erhältlich von der Schriftleitung. Die Verfasser größerer wissenschaftlicher Arbeiten erhalten außer dem Honorar ein Heft und 50 Sonderdrucke ihrer Arbeit unentgeltlich. Nachdrucke sowie Übersetzungen in fremde Sprachen des Inhalts dieser Zeitschrift und deren Verbreitung – auch auszugsweise mit Quellenangabe – bedürfen der schriftlichen Vereinbarung mit dem Verlag.

Faserforschung und Textiltechnik

WISSENSCHAFTLICH-TECHNISCHE ZEITSCHRIFT FÜR DIE CHEMIEFASER- UND TEXTILINDUSTRIE

Band 21 August 1970 Heft 8

Das Drehmomentverhalten von Industrie-Nähmaschinen[1)]

Teil I. Analyse des Drehmomentverhaltens

Roland Nestler

Sektion für Verarbeitungs- und Verfahrenstechnik, Bereich Textiltechnik, der Technischen Universität Dresden

DK 687.053.64-523:687.053.1/.5:531.232

Für die weitere Verbesserung der Industrie-Schnellnähmaschinen ist die genaue Kenntnis des Drehmomentverhaltens unbedingt erforderlich. Das Gesamt- und Teildrehmomentverhalten der Industrie-Nähmaschine wird analysiert und festgestellt, daß der Drehmomentverlauf der Hauptwelle vor allem durch die Wirkungsweise einzelner Nähwerkelemente ungünstig beeinflußt wird.

Показатели промышленных швейных машин в связи с вращающим моментом

Часть 1-ая: Анализ поведения машин в связи с вращающим моментом

Для дальнейшего усовершенствования промышленных швейных машин точное определение их поведения в связи с вращающим моментом является необходимым условием. Проведен анализ общего вращающего момента промышленной швейной машины и его комомпонентов. При этом установлено, что на вращающий момент главного вала неблагоприятное влияние, прежде всего, оказывает работа отдельных элементов машины.

The Torque of Industrial Sewing Machines

Part 1. Analysis of the Torque

Further improving of industrial sewing machines requires detailled knowledge of the torque. The torque in certain parts of sewing machines and the overall torque has been investigated. The torque of the main shaft was found to be unfavourably affected by the individual elements of the elements of the sewing mechanism.

1. *Einleitung*

Die Kenntnis des Drehmomentverhaltens von Industrie-Nähmaschinen unter Berücksichtigung der wichtigsten technisch/technologischen Einflußgrößen ist für eine weitere systematische Verbesserung der Nähmaschinen von großer Bedeutung. Umfassende und aussagefähige Drehmomentuntersuchungen bilden u. a. die Grundlage für die Realisierung der auf dem Nähmaschinensektor sich abzeichnenden Entwicklungstendenzen, besonders im Hinblick auf die Entwicklung leistungsfähiger, geräuscharmer und sicher laufender Industrie-Nähmaschinen. In den Arbeiten von *Nestler* [1, 3] sowie von *Nestler* und *Urban* [2] wird auf die Bedeutung derartiger Messungen, die Auswahl eines hierfür geeigneten Meßverfahrens, die Besonderheiten bei der Durchführung der Messung sowie auf die damit im Zusammenhang stehende einschlägige Literatur ausführlich hingewiesen. Als Versuchsnähmaschine diente die bewährte Industrie-Doppelsteppstich-Schnellnähmaschine der Klasse 8332/001 vom VEB Nähmaschinenwerke Altenburg.

2. *Versuchsaufbau*

Um die Drehmomentverläufe einwandfrei messen zu können, mußte die Versuchsnähmaschine entsprechend umgebaut werden. In Bild 1 ist das Prinzip der Versuchsnähmaschine mit Kennzeichnung der Lage der Meßstellen dargestellt. Zum Messen des Gesamtdrehmoments ist die Verlagerung des Antriebs erforderlich, da zwischen Antriebsrad und Greiferwellenantrieb keine Möglichkeit zum Anbringen einer Meßstelle besteht. Die Hauptwelle der Nähmaschine wird mittels einer Verbindungsscheibe mit einer Zwischenwelle fest verbunden. Die auf diese Weise verlängerte Hauptwelle wird am Ende in Wälzlagern des Lagerbocks gelagert. Die bisher verwendete Antriebsart [2] hat sich nicht genügend bewährt, da einerseits Motorschwingungen auf den Nähmaschinenkopf übertragen werden und andererseits veränderliche Riemenspannungen, hervorgerufen durch ständiges Auswechseln der Motorantriebsscheibe bei Drehzahländerungen, mitunter zu einer Verbiegung der Hauptwelle führen. Der Antriebsmotor ist in Verlängerung zur Hauptwelle auf einem stabilen Gestell aufgeschraubt. Zwischen Motor und Nähmaschinenhauptwelle wird eine starre Verbindung gewählt. Um eine gleichförmige Übertragung der Drehbewegung zu gewährleisten, sind auf der Welle zwischen Motor und Lagerbock zwei Einfachkupplungsgelenke eingebaut. Als Antriebsmotor dient ein Gleichstrom-Reihenschlußmotor. Die Drehzahl wird durch Spannungsänderung mit einem Stelltrafo geregelt. Dieser Antrieb gewährleistet einen einwandfreien Meßablauf.

Zum Bestimmen des Drehmomentverhaltens sind mehrere Meßstellen erforderlich. Entsprechend dem Kraftfluß verteilt sich das Drehmoment nach Bild 1 zunächst auf die Hauptwelle und von da aus über die beiden Zugstangen auf die Transporteurschub- und Transporteurhubwelle sowie über den Riemenantrieb auf die Greiferwelle. Analog dieser Aufteilung sind die einzelnen Drehmomentmeßstellen[2)], die mit DM_1 bis DM_5 gekennzeichnet sind, auf den Meßwellen aufgebracht. Die Meßstellen DM_1 und DM_2 befinden sich auf der Haupt- bzw. Zwischenwelle. Die Meßstelle DM_1 auf der verlängerten Hauptwelle dient zum Erfassen des von der

[1)] Teilveröffentlichung aus der vom Verfasser eingereichten und von der Fakultät für Maschinenwesen des Wissenschaftsrates der Technischen Universität Dresden genehmigten Habilitationsarbeit. Referenten: Prof. Dr.-Ing. habil. *W. Bobeth* und Prof. Dr.-Ing. habil. *H. Perner*.

[2)] Als Meßstelle wird im folgenden die Anordnung der Dehnmeßstreifen sowie der Schleifringübertrager und die Abnehmervorrichtung bzw. die Festkontaktvorrichtung auf der Meßwelle bezeichnet.

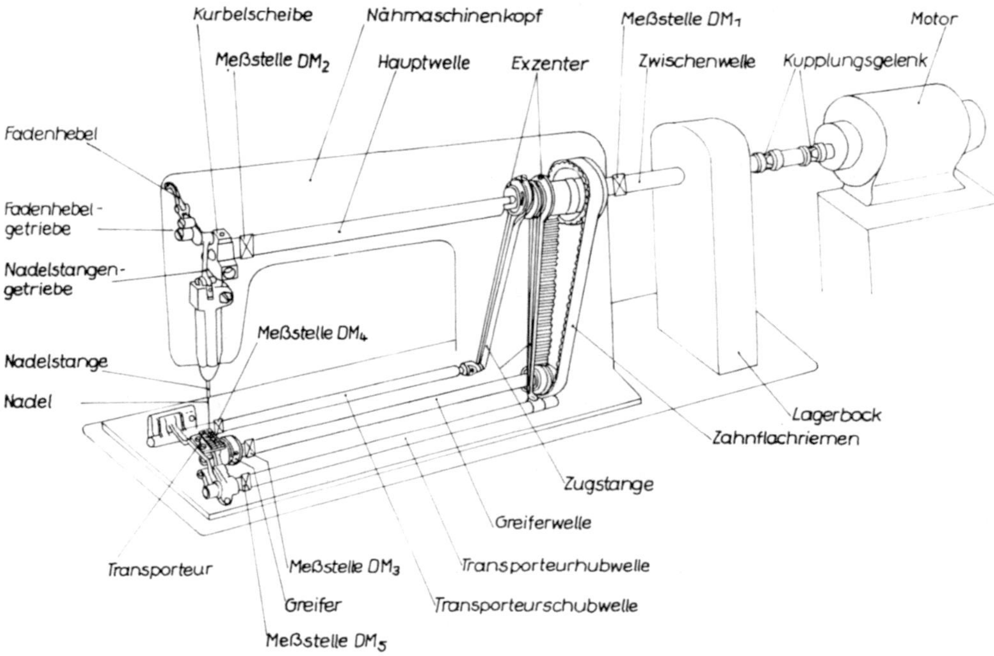

Bild 1. Prinzipielle Darstellung der Versuchsnähmaschine mit Kennzeichnung der Lage der Meßstellen

Nähmaschine benötigten Gesamtdrehmoments. Die Meßstelle DM_2 ist am anderen Ende der Hauptwelle angeordnet und gestattet das Messen des Teildrehmoments der Hauptwelle unter Berücksichtigung des Einflusses des Nadelstangen- und des Fadenhebelantriebs. Von der Meßstelle DM_3 wird das Teildrehmoment der Greiferwelle, hervorgerufen besonders durch den Doppelumlaufgreifer, erfaßt. Von den beiden Meßstellen DM_4 und DM_5 wird der Einfluß der Transporteurbewegungen auf das Drehmoment gemessen, wobei die Meßstelle DM_4 auf der Transporteurschubwelle und die Meßstelle DM_5 auf der Transporteurhubwelle angeordnet sind und zum Bestimmen der Einflüsse von Schub- und Hubbewegung des Transporteurs dienen.

Für die Drehmomentbestimmung hat sich die Widerstandsmessung mittels Dehnmeßstreifen sehr bewährt. Der detaillierte Aufbau der Meßstellen, das Schaltschema, der Meßvorgang usw. werden in den Arbeiten [1, 2, 3] eingehend beschrieben. Für die rotierenden Meßwellen werden als Übertragungsvorrichtung Schleifringe in geteilter Ausführung verwendet [1, 2]. Da die beiden Transporteurwellen nur Schwingbewegungen mit sehr kleinen Drehwinkeln (Transporteurschubwelle: $\varphi_{Ts} = 4°$ bis $15°$ bei einer Stichlänge von 1 bis 4 mm, Transporteurhubwelle: $\varphi_{Th} = 10°$ = konst.) ausführen, geschieht in diesem Fall die Spannungsübertragung zwischen Dehnmeßstreifen und Verstärker nicht mit Schleifringübertragern, sondern mit Hilfe von festen Kontakten. Es handelt sich dabei um vierpolige Lötösenleisten, die auf den Transporteurwellen befestigt sind. Diese Art von Stromübertragungsvorrichtung hat sich in dem speziellen Fall sehr bewährt. Wie aus theoretischen und praktischen Untersuchungen hervorgeht, wird der Drehmomentverlauf durch evtl. auftretende Biegespannungen nicht beeinflußt. Auch alle übrigen Einflußgrößen, die das Meßergebnis verfälschen könnten, werden eleminiert. Unter Berücksichtigung aller Einflußgrößen auf die Genauigkeit der Drehmomentmessung beträgt der maximale Meßfehler 12%. Den Meßplatz mit der Versuchsnähmaschine und den Meßgeräten (Dehnmeßgerät und Neunschleifenoszillograph) zum Bestimmen des Drehmomentverhaltens zeigt das Bild 2.

3. *Versuchsergebnisse*

Die Auswertung der oszillographierten Drehmomentverläufe erfolgt mit Hilfe der Fourier-Analyse unter Anwendung digitaler Rechenautomaten. Die ermittelten Werte werden in Form von modifizierten Frequenzspektren dargestellt, in denen die Amplituden der einzelnen Harmonischen, auch Grund- und Oberwellen bzw. Grund- und Oberschwingungen genannt, aufgetragen und deren Endpunkte miteinander verbunden werden. Wegen der mathematischen Zusammenhänge, der Auswertung und Darstellung der Meßergebnisse wird auf die Arbeiten [1, 2, 3] verwiesen. Die Drehmomentuntersuchungen werden sowohl ohne als auch mit Nähgut bei verschiedenen Drehzahlen sowie unter Berücksichtigung der Wirkungsweise einzelner Nähwerkelemente ausgeführt. Die Versuchsdurchführung geschieht bei einer konstanten Stichlänge von 3 mm. Im folgenden werden das Gesamtdrehmoment sowie die Teildrehmomente der Haupt-, Greifer- und Transporteurwellen analysiert.

3.1. *Gesamtdrehmoment der Hauptwelle*

Mit der Meßstelle DM_1 wird das Gesamtdrehmoment, d. h. das vom Motor aufzubringende Drehmoment, erfaßt. Bild 3 zeigt das Gesamtdrehmoment in Abhängigkeit von der Ordnung der Harmonischen bei einer konstanten Drehzahl von $n = 5000$ Stiche/min und unter Berücksichtigung einiger Einflußgrößen. Aus den Kurven 1 und 2 (Bild 3) geht hervor, daß durch das Nähgut die Kurventendenzen nicht wesentlich beeinflußt werden. Unterschiede bestehen nur in den schwingungsfreien Gleichanteilen $M_0/2$. Durch das Nähgut steigt der Gleichanteil an. Die Amplituden der einzelnen Harmonischen stimmen in beiden Kurven in der Regel überein; nur die Amplitude der 8. Harmonischen er-

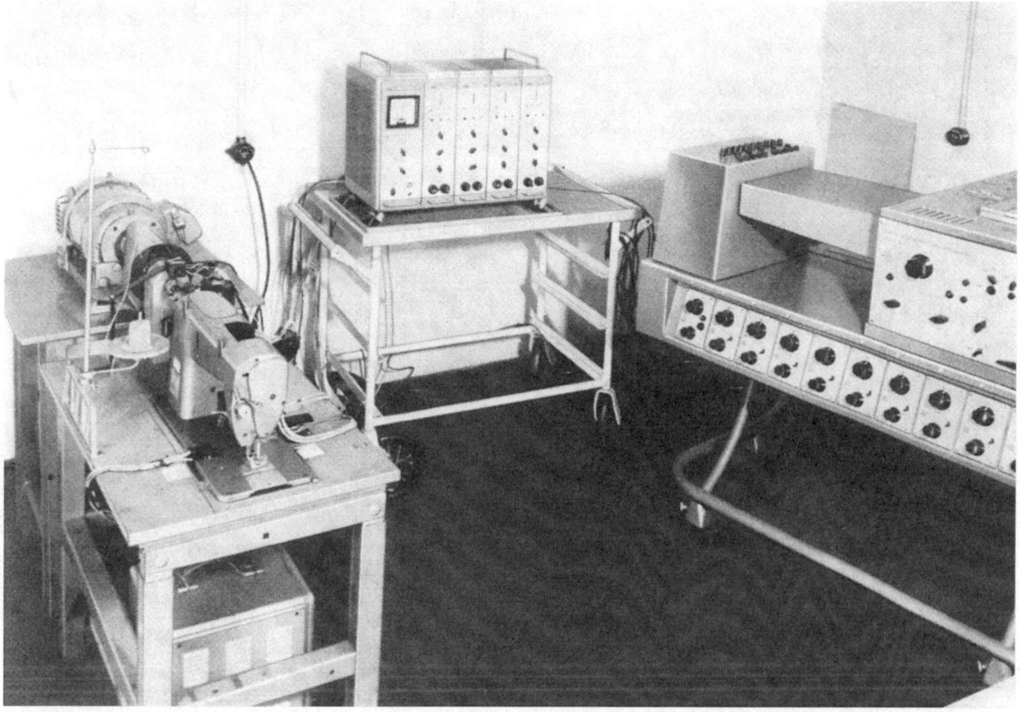

Bild 2. Meßplatz zum Bestimmen des Drehmomentverhaltens an der Industrie-Nähmaschine

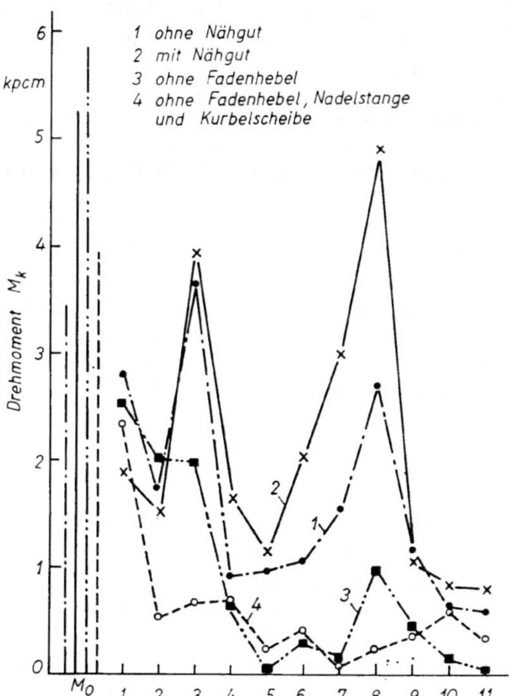

Bild 3. Drehmoment in Abhängigkeit von der Ordnung der Harmonischen bei einer Drehzahl von $n = 5000$ U/min unter Berücksichtigung verschiedener Einflußfaktoren (Meßstelle DM_1 — Gesamtdrehmoment)

reicht beim Verwenden von Nähgut etwa den doppelten Wert gegenüber derjenigen ohne Nähgut. Aus den umfangreichen durchgeführten Untersuchungen [1, 3, 4] geht jedoch hervor, daß sich das Nähgut auf das Drehmomentverhalten nicht besonders auswirkt und dessen Einfluß auf das Drehmoment vernachlässigt werden kann. Ein wesentlich anderes Verhalten auf das Drehmoment zeigt aber die Drehzahl [1, 3, 4]. Mit ansteigender Drehzahl werden die Drehmomente größer. Die größten Amplituden in den Kurvenzügen 1 und 2 sind vorwiegend bei der 3. und 8. Harmonischen zu verzeichnen. Diese Drehmomentspitzen sind vor allem auf die Wirkungsweise der Nähwerkelemente zurückzuführen. Um diese Einflüsse im einzelnen zu ergründen, wird die Nähmaschine zum einen ohne Fadenhebel (Kurve 3) und zum anderen ohne Fadenhebel, Nadelstange und Kurbelscheibe (Kurve 4) betrieben und untersucht. Infolge Fehlens des Fadenhebels (Kurve 3) gehen die Amplitudenwerte der 8. Harmonischen sehr zurück. Auch die Amplituden der anderen Harmonischen werden kleiner. Werden zusätzlich die Nadelstange mit dem Pleuel und die Kurbelscheibe (Kurve 4) entfernt, so werden die relativ hohen Amplitudenwerte der 2. und 3. Harmonischen, wie sie in den Kurven 1, 2 und 3 anzutreffen sind, weiter abgebaut. Auch die übrigen Harmonischen werden günstig beeinflußt. Auf das Gesamtdrehmomentverhalten wirken aber auch noch solche Einflüsse ein, die von der Greiferwelle und den beiden Transporteurwellen herrühren. Um die Einflußgrößen analysieren und eine Aussage über die Gewichtigkeit der verschiedenen Parameter treffen zu können, ist die Messung der Teildrehmomente, insbesondere des Teildrehmoments der Hauptwelle, erforderlich.

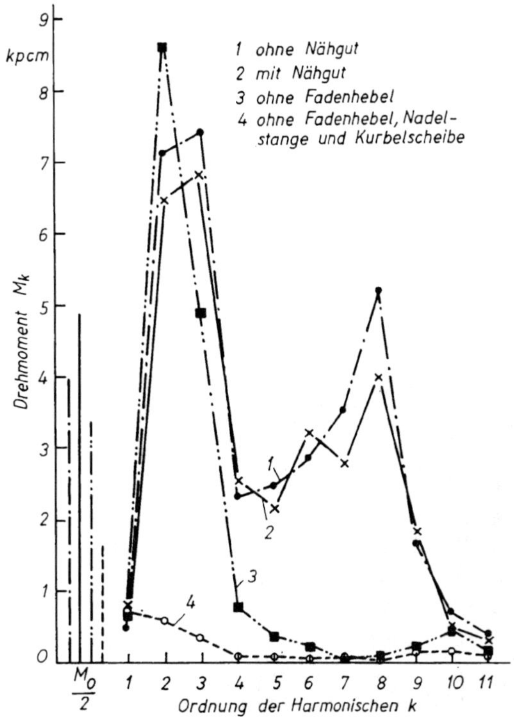

Bild 4. Drehmoment in Abhängigkeit von der Ordnung der Harmonischen bei einer Drehzahl von $n = 5000$ U/min unter Berücksichtigung verschiedener Einflußfaktoren (Meßstelle DM_2 — Teildrehmoment)

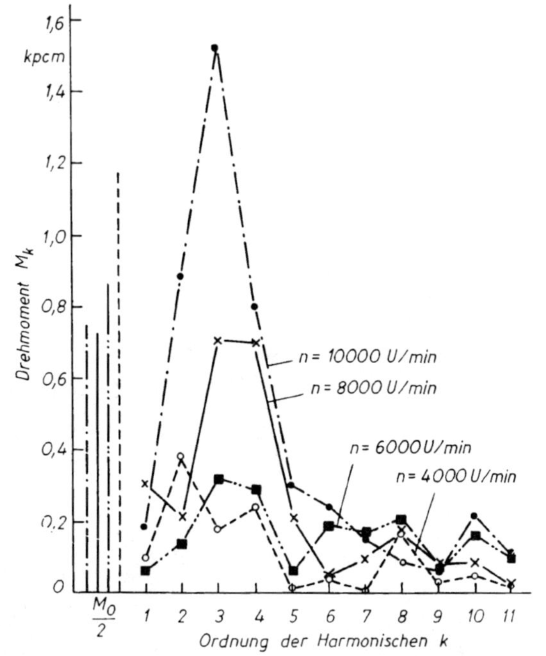

Bild 5. Drehmoment in Abhängigkeit von der Ordnung der Harmonischen bei unterschiedlicher Drehzahl; mit Nähgut (Meßstelle DM_3)

3.2. Teildrehmoment der Hauptwelle

Das Ergebnis der Untersuchung des Teildrehmoments der Hauptwelle, das im Bereich des Nadelstangen- und Fadenhebelantriebs gemessen wird, geht aus Bild 4 hervor, in dem das an der Meßstelle DM_2 ermittelte Teildrehmoment der Hauptwelle in Abhängigkeit von der Ordnung der Harmonischen bei einer konstanten Drehzahl von 5000 Stichen/min dargestellt ist. Aus der Gegenüberstellung der Kurvenverläufe 1, 2, 3 und 4 in Bild 4 mit denen in Bild 3 wird ersichtlich, daß die großen Drehmomentschwankungen, die sich in den hohen Amplitudenwerten der einzelnen Harmonischen widerspiegeln, besonders auf die Wirkungsweise von Fadenhebel und Nadelstange zurückzuführen sind, und zwar werden die Amplitudenanteile der 2. und 3. Harmonischen durch die auf- und abgehende Nadelstange und die Amplitude der 8. Harmonischen durch den auf- und abschwingenden Gelenkfadenhebel hervorgerufen.

3.3. Drehmoment der Greiferwelle

Der Einfluß des Doppelumlaufgreifers auf den Drehmomentverlauf wird durch die Meßstelle DM_3 auf der Greiferwelle bestimmt. Das Drehmoment der Greiferwelle in Abhängigkeit von der Ordnung der Harmonischen bei unterschiedlicher Drehzahl und Verwendung von Nähgut ist in Bild 5 enthalten. Da der Doppelumlaufgreifer im Vergleich zur Hauptwelle die doppelte Anzahl Umdrehungen ausführt, werden die Drehmomentverläufe der Greiferwelle in einem Drehzahlbereich von $n = 4000$ U/min bis $n = 10000$ U/min bestimmt. Der Drehmomentverlauf wird durch das Nähgut kaum beeinflußt [1]. Das Frequenzspektrum (Bild 5) ist durch relativ kleine Amplituden der einzelnen Harmonischen gekennzeichnet. Das maximale Drehmoment tritt bei einer Greiferwellendrehzahl von $n = 10000$ U/min im Bereich der 2. und 3. Harmonischen auf und beträgt etwa 1,5 kpcm. Infolge der rotierenden Bewegung des Doppelumlaufgreifers zeigt der Drehmomentverlauf der Greiferwelle ein wesentlich günstigeres Verhalten als die anderen Meßwellen. Die Nähwerkelemente haben keinen Einfluß auf das Drehmomentverhalten der Greiferwelle.

3.4. Drehmoment der Transporteurschubwelle

Mit Hilfe der Meßstelle DM_4 wird das Drehmoment der Transporteurschubwelle unter Berücksichtigung der horizontalen Transporteurbewegung (in Nährichtung) bestimmt. Die Bilder 6 und 7 zeigen das Drehmoment als Funktion der Ordnung der Harmonischen ohne Verwendung von Nähgut (Bild 6) und mit Verwendung von Nähgut (Bild 7) für einen Drehzahlbereich der Hauptwelle von $n = 2000$ U/min bis $n = 5000$ U/min. Die Stichlänge ist konstant 3 mm.

Auffallend sind die sehr kleinen schwingungsfreien Gleichanteile $M_0/2$ besonders beim Arbeiten des Transporteurs ohne Nähgut (Bild 6); ein geringfügiger Anstieg ist bei normalem Nähbetrieb (Bild 7) zu verzeichnen. In diesem Fall wirkt sich in erster Linie der Nähfußdruck beim Arbeiten mit Nähgut auf die Transporteurbewegung aus. Die Frequenzspektren haben ein weiteres gemeinsames Merkmal in bezug auf die relativ hohen Grundwellenanteile gegenüber den Oberwellen in allen untersuchten Drehzahlbereichen. Die unterschiedlichen Amplitudenwerte der einzelnen Harmonischen sind auf die Schwingbewegung der Transporteurschub-

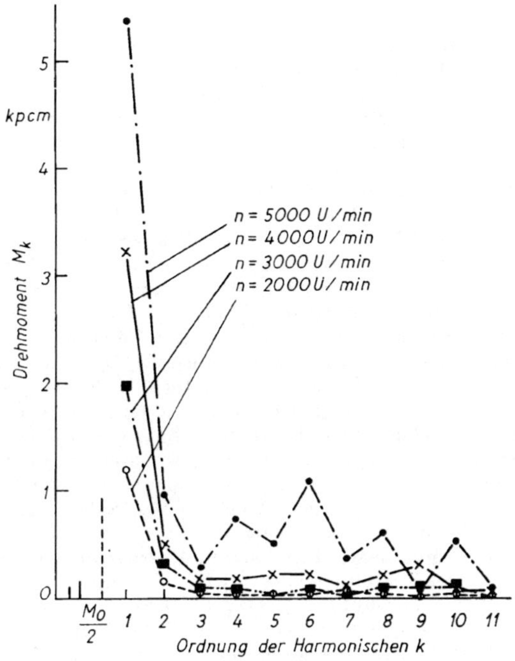

Bild 6. Drehmoment in Abhängigkeit von der Ordnung der Harmonischen bei unterschiedlicher Drehzahl; ohne Nähgut (Meßstelle DM_4)

welle zurückzuführen. Während sich die Amplituden der Oberwellen in beiden Frequenzspektren nur sehr geringfügig verändern, gehen besonders in höheren Drehzahlbereichen die Grundwellenanteile beim Arbeiten mit Nähgut sehr stark zurück. Durch das Nähgut und die Wirkung des Nähfußes während des Nähens wird eine Dämpfung der Grundwelle hervorgerufen. Der lineare Mittelwert $M_0/2$ steigt dabei an (Bild 7). Die Amplitudenwerte der Oberwellen liegen, mit Ausnahme der 3. und 4. Harmonischen bei $n = 5000$ U/min (Bild 7), vorwiegend unter 1 kpcm. Die Schwankungen der Oberwellen bei $n = 5000$ U/min sind bedingt durch das Nähgut und dessen Führung während des Nähprozesses. Das Nähgut wird bei hoher Nähgeschwindigkeit zur einwandfreien Nahtbildung oftmals von der Bedienungsperson zusätzlich gestrafft und gezogen, so daß der Transporteur beim Ausführen der Schubbewegung beeinträchtigt wird. Er hat außer der Druckkraft des Nähfußes die zusätzlichen Zugkräfte von Nähgut und Bedienungsperson zu überwinden. Dadurch schwankt der Drehmomentverlauf der Transporteurwelle je nach Größe der veränderlichen Zugkräfte, die von der Nähgutart und der Bedienungsperson abhängig sind. Der Drehmomentverlauf der Transporteurschubwelle ist außer von den erwähnten Faktoren vor allem auch von der Stichlänge abhängig. Mit größer werdender Stichlänge steigt auch das Drehmoment an [1]. Besonders deutlich ist der Stichlängeneinfluß wieder bei der Größe der Grundschwingung ausgeprägt, während die Oberwellen kaum davon betroffen werden. Vermutlich spielen auch die Art und die Eigenschaften des Nähguts eine Rolle.

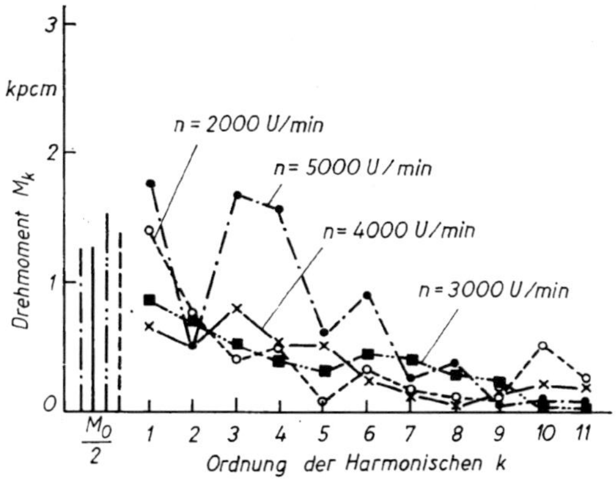

Bild 7. Drehmoment in Abhängigkeit von der Ordnung der Harmonischen bei unterschiedlicher Drehzahl; mit Nähgut (Meßstelle DM_4)

3.5. *Drehmoment der Transporteurhubwelle*

Die Drehmomentverhältnisse bei der Transporteurhubwelle (Bild 8 und 9), die mit der Meßstelle DM_5 gemessen werden, sind zum überwiegenden Teil identisch mit denen der Transporteurschubwelle. Die schwingungsfreien Gleichanteile $M_0/2$ sind an dieser Meßwelle sehr klein und erreichen beim Arbeiten mit Nähgut einen maximalen Wert von 0,7 kpcm. Hohe Grundwellenanteile sind in beiden Frequenzspektren zu verzeichnen. Die Amplituden der Oberwellen sind gegenüber denjenigen der Grundwellen verhältnismäßig klein. Während nach der 1. Harmonischen die Amplitudenwerte sehr stark absinken, steigen sie nach der 3. Harmonischen wieder etwas an und erreichen bei der 5. Harmonischen ein Maximum, das besonders bei den

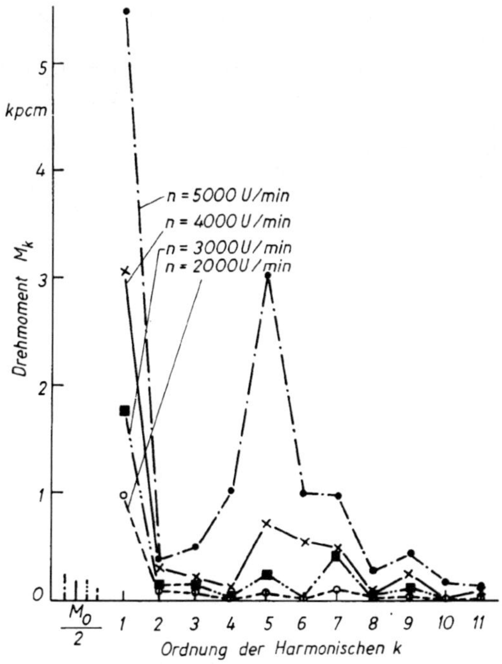

Bild 8. Drehmoment in Abhängigkeit von der Ordnung der Harmonischen bei unterschiedlicher Drehzahl; ohne Nähgut (Meßstelle DM_5)

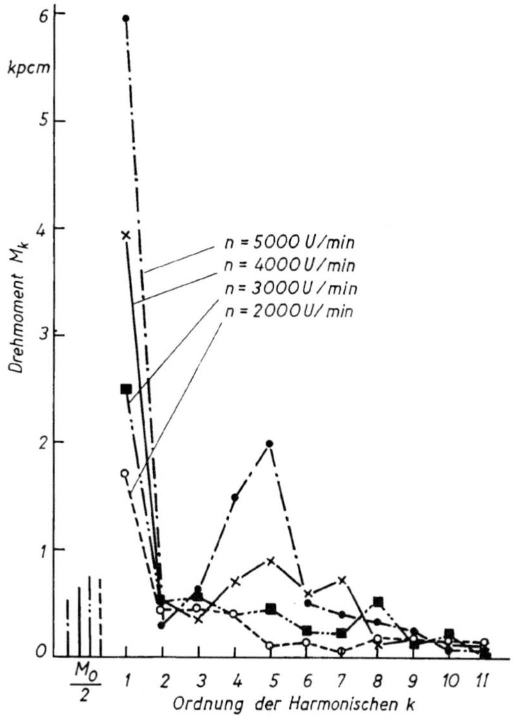

Bild 9. Drehmoment in Abhängigkeit von der Ordnung der Harmonischen bei unterschiedlicher Drehzahl; mit Nähgut (Meßstelle DM_5)

Drehzahlen $n = 5000$ U/min und $n = 4000$ U/min ausgeprägt ist. In dieser Phase erreicht der Transporteur seine höchste Stellung, in der das Nähgut gegen den Nähfuß gedrückt wird. Bei der Transporteurhubwelle macht sich der dämpfende Einfluß durch das Nähgut und den Nähfuß auf die Amplituden der Oberwellen bemerkbar. Die Drehmomentschwankungen treten infolge des der Transporteurhubbewegung entgegenwirkenden Nähfußdrucks (Bild 9) im Vergleich ohne Nähfuß (Bild 8) nicht so stark in Erscheinung. Beim Arbeiten mit Nähgut wird der Drehmomentverlauf der Transporteurhubwelle vor allem durch die regulierbare Druckkraft des Nähfußes beeinflußt.

4. *Zusammenfassung*

Zusammenfassend kann aus der Analyse der einzelnen Drehmomentverläufe unter Berücksichtigung der untersuchten Einflußgrößen festgestellt werden, daß das Nähgut auf die Amplitudenanteile der einzelnen Harmonischen der Drehmomentverläufe der Haupt- und Greiferwelle nur einen sehr geringen Einfluß ausübt. Unterschiede treten nur bei den schwingungsfreien Gleichanteilen $M_0/2$ auf, die in den ermittelten Drehmomentverläufen beim Verwenden von Nähgut in der Regel größer sind als bei denen ohne Nähgut. Eine wesentlich größere Rolle spielt das Nähgut bei dem Drehmomentverhalten der Transporteurschubwelle. Die Drehmomentverläufe der Transporteurschubwelle sind dadurch gekennzeichnet, daß bei Normalbetrieb der Nähmaschine (beim Verwenden von Nähgut) die Grundwellenanteile stark zurückgehen. Das Nähput wirkt hierbei als Dämpfungselement. Die Amplitudenwerte der Oberwellen werden von dem Nähgut nur unwesentlich verändert. Bei der Transporteurhubwelle wirkt sich der dämpfende Einfluß des Nähguts und des Nähfußes auf die Amplituden der Oberwellen aus. Eine sehr bedeutende Einflußgröße auf das Drehmoment stellt die Drehzahl dar. Bei allen Meßwellen kann beobachtet werden, daß mit zunehmender Drehzahl auch das Drehmoment größer wird. Hinsichtlich der Verbesserung des Drehmomentverlaufs ist zu bemerken, daß bei der Transporteurschub- und Transporteurhubwelle auf Grund der geringen Schwankungen ein Drehmomentausgleich keine wesentlichen Verbesserungen im Gesamtverhalten der Nähmaschine bringt. Analoge Verhältnisse herrschen bei der Greiferwelle; hinzu kommt noch die Tatsache, daß an der Greiferwelle nur sehr kleine absolute Drehmomente auftreten. Andere Verhältnisse liegen jedoch bei der Hauptwelle vor, und zwar sowohl beim Messen des Gesamtdrehmoments mittels der Meßstelle DM_1 als auch des Teildrehmoments der Meßstelle DM_2. Beide Drehmomentverläufe sind durch hohe Amplitudenanteile der 2. und 3. sowie der 8. Harmonischen gekennzeichnet. Der hohe Amplitudenanteil der 8. Harmonischen ist vorwiegend auf die Wirkungsweise des Gelenkfadenhebels, und die Amplitudenwerte der 2. und 3. Harmonischen sind besonders auf die auf- und abwärtsgehende Nadelstange zurückzuführen. Beim Ausbau der angeführten Nähwerkelemente wird beobachtet, daß nicht nur die erwähnten Harmonischen sehr verringert, sondern auch die übrigen Harmonischen mehr oder weniger günstig beeinflußt werden, so daß der gesamte Drehmomentverlauf geglättet wird. Schlußfolgernd geht aus der Drehmomentanalyse hervor, daß eine Verbesserung des Drehmomentverlaufs insbesondere bei der Hauptwelle aussichtsreich und vertretbar ist.

Literatur

[1] *Nestler, R.:* Beitrag zum Bestimmen und Verbessern des Betriebsverhaltens von Industrie-Nähmaschinen. Habilitationsarbeit. Angefertigt an der Fakultät für Maschinenwesen des Wissenschaftsrates der Technischen Universität Dresden 1969.

[2] *Nestler, R.*, und *Urban, K.:* Zusammenhänge zwischen Betriebs- und Drehmomentverhalten bei Industrie-Doppelsteppstich-Schnellnähmaschinen. Faserforsch. u. Textiltechnik **20** (1969) 8, S. 361–368.

[3] *Nestler, R.:* Untersuchungen über das Betriebsverhalten von Industrie-Schnellnähmaschinen. Bekleid. u. Maschenware **9** (1970) 2, S. 58–63.

[4] *Nestler, R.:* Die Messung des Betriebsverhaltens von Nähmaschinen. Vortrag, gehalten anläßlich des III. Wissenschaftlich-Technischen Kongresses des Vereins der polnischen Textilfachleute (NOT) am 12. 2. 70 bis 17. 2. 70 in Lódź (VR Polen).

Eingegangen am 24. April 1970

Faserforschung und Textiltechnik 21 (1970) Heft 8
323

Beitrag zur Bestimmung des Verhaltens von Bauschen und Fäden bei Druckeinwirkung[1])

Teil I. Analyse des Druck-Verformungs-Verhaltens und Auswahl des Prüfverfahrens

Reinhard Mikut

Deutsche Akademie der Wissenschaften zu Berlin, Institut für Technologie der Fasern in Dresden

DK 677-042.5:677-042.71:677.017.435

Infolge der außerordentlich komplexen, theoretisch nur schwer erfaßbaren Vorgänge bei der Druckeinwirkung auf Faserbausche und Fäden besteht die Notwendigkeit, die Wirksamkeit der möglichen Einflußgrößen systematisch experimentell zu erforschen. Hierzu wurden auf der Grundlage einer Klassifizierung der bisher bekannten Prüfverfahren zur Ermittlung der Druck-Verformungs-Eigenschaften von Faserbauschen und Fäden eine verbesserte Lamellenprüfeinrichtung und ein Prüfverfahren für Druck-Verformungs-Versuche an Bauschen und Fadenbündeln entwickelt.

К вопросу об определении поведения об'емных волокон и нитей при сжатии

Часть 1-ая: Анализ деформации при сжатии и выбор метода испытания

Вследствие протекания весьма сложных, трудно определяемых с теоретической точки зрения процессов при сжатии об'емных волокон и нитей возникает необходимость систематического экспериментального изучения возможных влияющих факторов. На основе классификации известных методов испытания волокон и нитей на сжатие для этой цели было создано усовершенствованное испытательное устройство и разработан метод испытания волокон и пучков нитей на деформацию при сжатии.

Compressional Response of Fibre Bulks and Filaments.

Part 1. Investigation of the Relationship between Pressure and Deformation and the Choice of Testing Methods

Explaining the extremely complicated response of fibre bulks and filaments to compression requires a systematic investigation of all factors possibly involved. Besides a classification of all methods known to investigate the pressure-deformation relationship of fibre bulks and filaments a description of a lamellae testing device and a new method for testing the pressure-deformation relationship of bulks and filaments is presented.

1. *Einleitung und Zielstellung*

Das Verhalten der Faserstoffe und Textilien gegenüber Druckeinwirkungen ist weniger erforscht als die durch Zugbelastung hervorgerufenen Formänderungen. Im Zusammenhang mit der Weiterentwicklung der Faserstoffe sowie der Einführung neuartiger Technologien für die Faden- und Stoffherstellung muß stärker als bisher das Streben nach optimalen Druck-Verformungs-Eigenschaften der Fäden und Stoffe mit im Vordergrund stehen.

Die Erzielung optimaler Gebrauchseigenschaften erfordert weniger das Wissen über die Verhältnisse bei zerstörenden Druckbeanspruchungen, sondern vielmehr Kenntnisse über Formänderungen bei relativ niedrigen, den praktischen Bedingungen entsprechenden Drücken [1].

Druck-Verformungs-Untersuchungen können einerseits als Quetschversuche an einzelnen Fasern oder Elementarfäden durchgeführt werden. Die hierbei gewonnenen Erkenntnisse dienen der Charakterisierung der Faserstoffe und gestatten Schlußfolgerungen bezüglich der Auswirkungen technologischer Maßnahmen auf die Faserstoffqualität [2, 3]. Zum anderen sind Druckbeanspruchungen von Faserstoffkollektiven bedeutungsvoll, insbesondere im Hinblick auf Aussagen über die Abhängigkeit der Weichheit und Druckelastizität von der konstruktiven Beschaffenheit der Textilien.

Bei der Auswahl eines geeigneten Prüfverfahrens kann auf eine Vielzahl bekannter Prüfmethoden zurückgegriffen werden, die kritisch einzuschätzen sind. Im Ergebnis soll ein für Bausche und Fadenbündel gleichermaßen anwendbares Prüfverfahren vorgeschlagen werden, das bei geringem Prüfaufwand hohen Informationsgewinn gewährleistet. Daneben ist erstrebenswert, durch diese Prüfmethode zur Rationalisierung des Prüfwesens in den chemiefaserstoff- und fadenherstellenden Betrieben beizutragen.

[1]) Auszug aus der Dissertation des Verfassers, Technische Universität Dresden, Fakultät Maschinenwesen 1969. Referenten: Prof. Dr.-Ing. habil. *W. Bobeth* und Prof. Dr.-Ing. habil. *H. Perner*.

Für die Bestimmung des Kompressionswiderstandes, der Gesamtverformung und des druckelastischen Verhaltens von Faserstoffen und Textilien ist die Kenntnis der sich bei Druckeinwirkung und anschließender Entspannung in einem Bausch, Faden bzw. Fadenbündel oder Stoff abspielenden Vorgänge bedeutungsvoll. Entsprechende Analysen führen zum Erkennen von Einflußgrößen. Nachfolgend wird der Versuch unternommen, die Gewichtigkeiten dieser Einflußgrößen zu bestimmen.

Die Stoffeigenschaften sind von bindungstechnischen Parametern und von der Beschaffenheit der Fäden abhängig. Die Druck-Verformungs-Eigenschaften der Fäden werden wiederum durch die Fadenkonstruktion und das Verhalten der Faserstoffe gegenüber Druckeinwirkungen bestimmt. Die folgenden Untersuchungen beschränken sich auf das Auffinden von Zusammenhängen zwischen den Faserstoffeigenschaften, der Fadenkonstruktion und dem Druck-Verformungs-Verhalten von Faserbauschen sowie Fadenbündeln.

2. *Analyse des Deformationsvorganges an Bauschen*

Bei Druckeinwirkung auf einen Bausch entsteht eine Kompressionsgegenkraft, die der Verformung entgegenwirkt. Durch ausreichend hohe Belastung wird der Bausch zusammengedrückt, wobei die Volumenabnahme infolge des viskoelastischen Verhaltens der Faserstoffe und der Haftreibung zwischen den Fasern nur unvollkommen reversibel ist.

Die Beträge der Kompressionskraft, der Gesamtverformung und der Volumenelastizität werden sowohl von der Art, der Größe und dem zeitlichen Verlauf der Kompression als auch von der Faseranzahl und Faseranordnung im Bausch sowie von den Formänderungseigenschaften, der Kräuselung, Faserlänge, Oberflächenbeschaffenheit, Avivage, Mattierung usw. des Faserstoffes bestimmt (Tafel 1). Die Faserstoffeigenschaften können wiederum von Feuchte und Temperatur des Faserstoffes sowie von vorausgegangenen mechanischen, thermischen, hydrothermischen, chemischen und Strahleneinwirkungen abhängig sein. *Sommer* [1] sowie

Tafel 1. Einflußgrößen auf das Verhalten eines Bausches bei Druckbeanspruchung

——— primäre Wirkungen ---- sekundäre Wirkungen

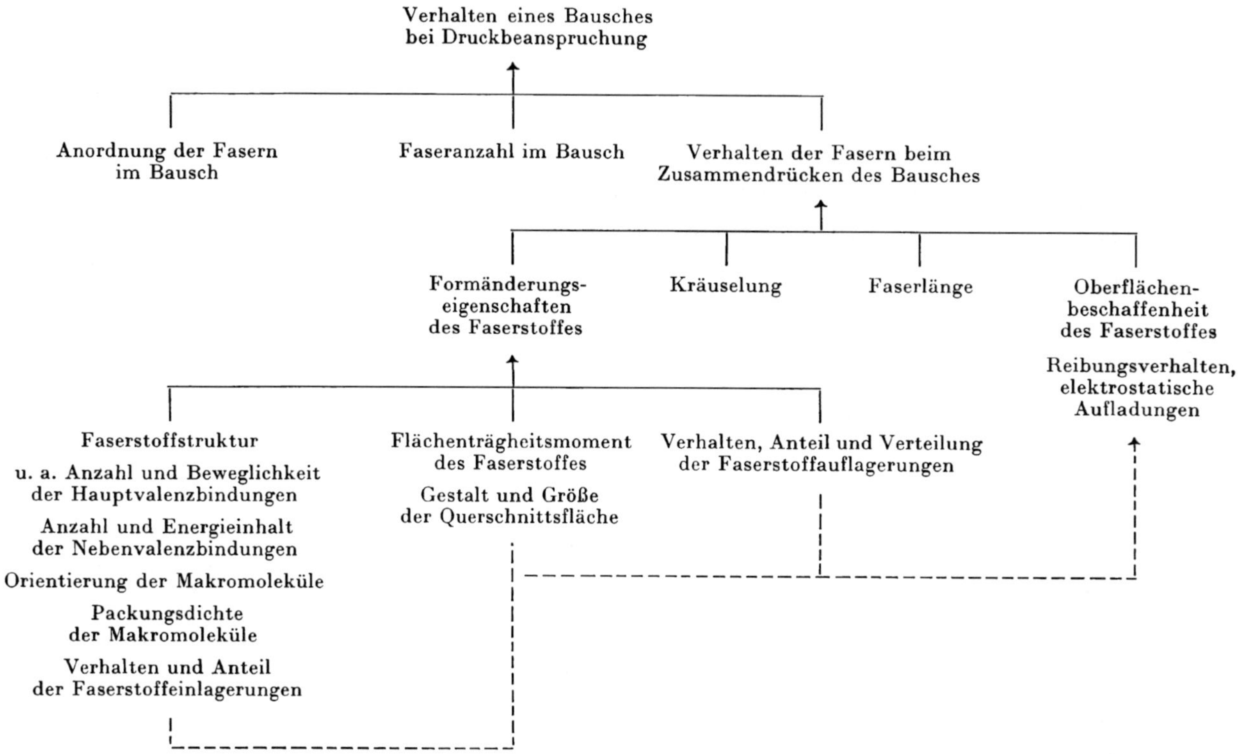

M. und J. Eggert [4] sprechen in diesem Zusammenhang von der „Vorgeschichte des Faserstoffes".

Ein Bausch besteht aus einer großen Anzahl von Fasern, die wirr, gekreuzt oder annähernd parallel zueinander angeordnet sein können und die sich stellenweise berühren. Die Faserberührungspunkte sind im Bausch zufällig verteilt. Mit steigender Kräuselungsintensität, Faserlänge und Packungsdichte erhöht sich die Anzahl der Berührungspunkte; sie ist weiterhin davon abhängig, in welchem Anordnungszustand die Fasern im Bausch vorliegen. Die Anzahl der Berührungspunkte von Fasern ist bestimmend für die örtliche Verteilung der auf den Bausch einwirkenden Kräfte.

Komarov [5] sowie *Demiruren* und *Burns* [6] vermuteten, daß ein Bausch aus langen Fasern gegenüber einem aus kurzen Fasern leichter deformierbar ist, da längere Fasern wahrscheinlich gleichmäßiger im Bausch angeordnet vorliegen. *Winson* [7] stellte fest, daß auch die Bauschelastizität mit abnehmender Faserlänge zunimmt, während *Demiruren* und *Burns* [6], *Schickhardt* [8] sowie *Henning* [9] hierfür keinen statistisch gesicherten Zusammenhang fanden.

Wie bereits *Komarov* [5] und andere feststellten, tritt bei Kompressionsbeginn zuerst ein reines Verschieben der Fasern und Faserschichten im Bausch auf, wobei anzunehmen ist, daß diese Verschiebung an der Grenzlinie zwischen Bausch und drückender Fläche beginnt [10, 11]. Infolge ihres Biegewiderstandes kann eine Faser bei sehr kleinen Belastungen als starres System angesehen werden, das bestrebt ist, der einwirkenden Kraft auszuweichen. Bei ausreichend niedrigen Reibungskoeffizienten können die sich berührenden Fasern aneinander abgleiten [8]. Die Reibung zwischen den Fasern und folglich auch der Kompressionswiderstand des Bausches sind von der Oberflächenbeschaffenheit der Fasern abhängig.

Mit steigender Kompression werden die Faserkrümmungen und -windungen zunehmend verformt. Da sich die gekräuselten Fasern stellenweise berühren, verhalten sie sich wie vielfach gelagerte Träger, die senkrecht oder schräg zur Längsachse belastet werden [5]. Hierbei sind der Biege- und Torsionswiderstand des Faserstoffes sowie die vom Abstand der Faserberührungspunkte abhängigen Biege- und Torsionsmomente von Einfluß. Wird vorausgesetzt, daß der Entkräuselungswiderstand geringer ist als der Deformationswiderstand des Faserstoffquerschnittes, dann sind Quetschwiderstandskräfte erst bei höheren Kompressionsgraden zu erwarten.

Mit zunehmender Kompression können folglich nacheinander die vier Phasen: *Annäherung — Abgleiten — Verformen der Faserkräuselung — Quetschen* auftreten, die sich jedoch in der Regel überlagern werden (Bild 1).

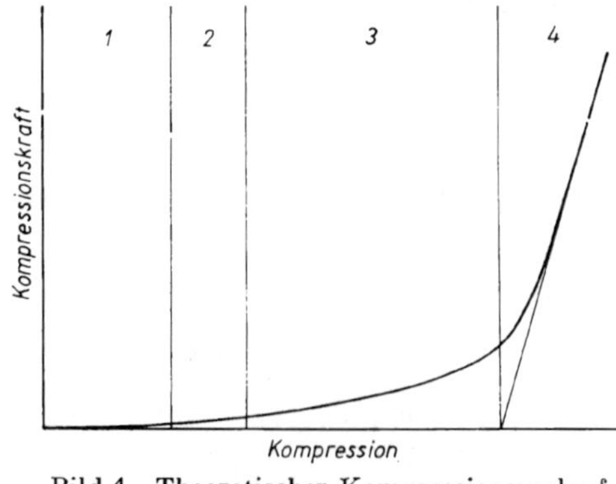

Bild 1. Theoretischer Kompressionsverlauf
1 vorwiegend Verschieben der Faserschichten im Bausch
2 vorwiegend Abgleiten der Fasern
3 vorwiegend Verformen der Faserkräuselung
4 vorwiegend Quetschbeanspruchung der Fasern

Die Kompressionskraft und weitere Kenngrößen zur Bestimmung des druckelastischen Verhaltens von Bauschen sind demnach als komplexe, physikalisch nicht ohne weiteres streng definierbare Größen aufzufassen [4]. Ihre Deutung setzt grundsätzliche Untersuchungen zum Erkennen der durch Variation der Einflußgrößen hervorgerufenen Veränderungen voraus.

Die Literatur enthält eine Reihe von Versuchen, anhand von Modellvorstellungen das Kompressionsverhalten der Bausche vorauszusagen:

Bereits im Jahre 1924 gingen *M. und J. Eggert* [4] bei der Erklärung des bauschelastischen Verhaltens von der Annahme aus, daß sich ein Bausch bei allseitiger Kompression annähernd wie ein ideales Gas verhält. Bei ähnlichen Versuchen bezog sich *Winson* [7] ebenfalls auf das *Boyle/Mariotte*sche Gesetz. Mit dieser Betrachtungsweise ist es jedoch nicht möglich, Zusammenhänge zwischen physikalisch meßbaren Faserstoffeigenschaften und dem Bauschverhalten aufzuzeigen.

Van Wyk [12] reduzierte die bei Bauschkompression auftretenden Beanspruchungen auf einfache Biegung zylindrischer Stäbe, wobei er Torsions-, Quetsch- und Reibungskräfte vernachlässigte. Der Bausch wurde als System zufällig angeordneter, gleichmäßig dicht gepackter Biegeeinheiten aufgefaßt, die sich gegenseitig berühren. *Larose* [13] und *Vieth* [10] wiesen darauf hin, daß die Vernachlässigung der Reibungskräfte bei Bauschkompression eine zu starke Abstraktion darstellt. *De MaCarty* und *Dusenbury* [14] verglichen die von *van Wyk* [12] bzw. *Demiruren* und *Burns* [6] ermittelten Korrelationen zwischen Kompressionswiderstand und Kräuselung, wobei sie erhebliche Abweichungen fanden. Die Ursache dafür sehen sie unter anderem in der Vernachlässigung des Einflusses der Kräuselbogenabstände bei den Modellbetrachtungen *van Wyk's*.

Zu ähnlich vereinfachten Modellvorstellungen kam *Schickhardt* [8] bei der Berechnung des Arbeitsvermögens eines kugeligen Bausches mit Faserwirrlage. Er verglich ebenso wie *van Wyk* [12] den Bausch mit einem System stäbchenförmiger Biegefedern, die als rechtwinklig dreidimensionales Fachwerk angeordnet sind. Die von *Schickhardt* vorgeschlagene Modellvariante ist nur für Bausche mit Faserwirrlage bzw. -kreuzlage und kugelige Bauschform anwendbar. Sie berücksichtigt nicht das Reibungsverhalten der Faserstoffe, die Faserlänge und Faserfeinheit sowie andere Einflußgrößen, deren Bedeutung auch von *Schickhardt* nachgewiesen werden konnte.

Van Wyk und *Schickhardt* versuchten, das Druck-Verformungs-Verhalten der Bausche auf den Elastizitätsmodul als eine ausgewählte Faserstoffkenngröße zurückzuführen. Der Einfluß anderer Faserstoffeigenschaften wurde dagegen vernachlässigt. Bei der theoretischen Betrachtung einzelner Zusammenhänge können aber infolge der komplizierten Wechselbeziehungen zwischen den verschiedenen Einflußgrößen nur bestimmte Aspekte des Druck-Verformungs-Verhaltens hypothetisch erfaßt werden. Umfassendere Erkenntnisse sind nur auf experimentellem Wege zu erhalten.

3. *Analyse des Deformationsvorganges an Fäden*

Bei Druckbeanspruchung von Stoffen aus Fäden werden stets mehrere Fäden gleichzeitig verformt, wobei diese sich gegenseitig beeinflussen. Die Untersuchung der Druck-Verformungs-Eigenschaften von Fäden sollte deshalb bevorzugt an Fadenbündeln vorgenommen werden.

Tafel 2 enthält eine Zusammenstellung der für das Verhalten eines Fadenbündels bei Druckeinwirkung wichtigen Einflußgrößen. Es ist unschwer zu erkennen, daß eine exakte Analyse der Ursachen für das Druck-Verformungs-Verhalten von Fadenbündeln noch wesentlich komplizierter ist als bei Bauschen, da nicht nur das Verhalten des Faserstoffkollektives bei Druckbeanspruchung bedeutungsvoll ist, sondern auch die Fadenkonstruktion, Umwelteinflüsse auf den Faden und Anordnungsverhältnisse im Fadenbündel zu beachten sind.

Die Weichheit eines Fadens oder Fadenbündels wächst mit seiner Voluminösität. Diese ist maßgeblich vom Drehungsgrad des Fadens abhängig. Mit steigender Drehung werden die Fasern im Fadenverband dichter aneinander gepreßt, wodurch die Faserkräuselung zunehmend verloren geht. Hohe Voluminösität erfordert also geringe Fadendrehung und gleichzeitig starke Faserkräuselung. Mit abnehmender Voluminösität treten die für das Druck-Verformungs-Verhalten der Bausche so entscheidenden Einflußgrößen Entkräuselungswiderstand und Oberflächenbeschaffenheit der Fasern immer mehr in den Hintergrund.

Wenig gedrehte Fäden sind oftmals auch durch größere Haarigkeit gekennzeichnet. Die Anzahl der aus dem Fadenverband herausragenden Faserenden ist von der Faserlänge und Kräuselung sowie vom technologischen Prozeß der Fadenherstellung abhängig. Haarige Fäden bewirken größere Voluminösität und größere Weichheit des Fadenbündels,

Tafel 2. Einflußgrößen auf das Verhalten eines Fadenbündels bei Druckbeanspruchung

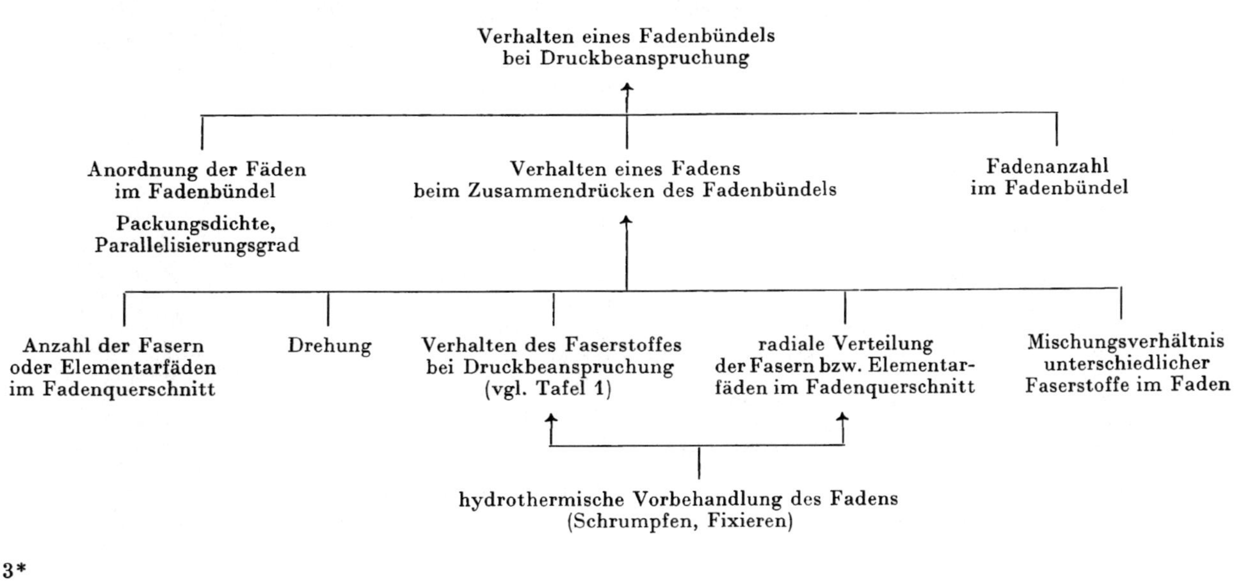

besonders im Anfangsbereich der Druckeinwirkung. Analoge Verhältnisse liegen bei Effektzwirnen, Hochbausch-Fäden oder Texturfäden vor. Der Kompressionsvorgang verläuft hier im Prinzip ähnlich dem bei Bauschen.

4. Prüfverfahren zur Ermittlung der Druck-Verformungs-Eigenschaften von Bauschen und Fäden

4.1. Systematik und Einschätzung der Prüfverfahren

Die Literatur enthält eine Vielzahl von Prüfverfahren zur Ermittlung der Druck-Verformungs-Eigenschaften von *Bauschen*, die jedoch auf wenige Belastungsarten zurückgeführt werden können:

1. Kompression des Bausches mit einem Druckstempel in einem Behälter
   1.1. Stempelfläche annähernd gleich der Behältergrundfläche [5, 9, 15 bis 32]
   1.2. Stempelfläche wesentlich kleiner als die Behältergrundfläche [10, 33 bis 36]
2. Kompression des Bausches mit einem Druckstempel ohne Vorhandensein eines Behälters
   2.1. zylindrischer Prüfling [6, 8, 14, 37, 38]
   2.2. kugelförmiger Prüfling [8, 39]
3. allseitige Kompression des Bausches in einem kugelförmigen, elastischen Behälter [4, 7, 40, 41]
4. Kompression eines parallelisierten Prüflings zwischen Lamellen [42]

Aus der Vielzahl der Prüfmethoden konnte sich noch kein Verfahren allgemein durchsetzen, da entweder die Meßergebnisse mit den praktischen Erfahrungen nur ungenügend übereinstimmen [42] oder der erforderliche Prüfaufwand zu groß ist.

Bei den Verfahren nach *Belastungsart 1* tritt Reibung der Fasern an der Gefäßwand bzw. am Kolbenrand auf [8, 32, 37, 42, 43], die besonders beim Entlasten des Bausches nach vorangegangener Kompression das Meßergebnis verfälscht. Zum Vermeiden dieser Randeffekte ist es vorteilhafter, die Druckstempelfläche gegenüber der Behältergrundfläche klein zu halten (Belastungsart 1.2) [42]. Aus dem gleichen Grund sind zylindrische Behälter und Druckstempel günstiger als eckige Formen [33]. Perforierte Druckstempel gestatten (besonders beim Belastungsfall 1.1) besseres Entweichen der im Bausch enthaltenen Luft [28, 29].

Bei der *Belastungsart 2* sind zwar Reibungseffekte zwischen Bausch und Gefäßwand ausgeschaltet, jedoch sind durch seitliches Ausweichen des Prüflings bei zyklischer Belastung keine gleichbleibenden Beanspruchungsverhältnisse gegeben [33].

Die Prüfverfahren der *Belastungsart 3* haben nach *Sommer* [1] und *Henning* [9] in der Regel keine Bedeutung für die Prüfung unter Betriebsbedingungen, da sie langwierig und umständlich sind. Infolge des Einströmens von Fremdluft in die Meßapparatur werden Meßfehler hervorgerufen, die auch durch häufiges Eichen der Prüfeinrichtung nicht völlig ausgeschaltet werden können. Trotz sorgfältiger Versuchsdurchführung zeigen die von *M. und J. Eggert* [4] angegebenen Meßwerte große Streuung, was vermutlich auch auf die ungenügend reproduzierbare Einlage des Bausches in das Gummibällchen zurückzuführen ist [12].

Die Verfahren nach Belastungsart 1 bis 3 haben streng genommen nur für die Prüfung von Polstermaterial praktische Bedeutung, weil die Prüflinge durch Wirrlage der Fasern gekennzeichnet sind [42]. Bezüglich des Druck-Verformungs-Verhaltens von Fäden und darüber hinaus von Stoffen ist dagegen von besonderem Interesse, wie sich Anordnungen parallelisierter Fasern bei und nach Druckeinwirkung verhalten. Hierfür eignet sich die *Belastungsart 4* am besten. Im Fall der Faserbänder oder Elementarfadenkabel kann die Probe ohne wesentliche Zustandsänderungen während der Prüflingsvorbereitung geprüft werden. Vorteilhaft ist weiterhin, daß im Gegensatz zur Belastungsart 2 ein seitliches Ausweichen des Prüflings beim Belasten verhindert wird.

Die in der Literatur enthaltenen Prüfverfahren zur Bestimmung des Druck-Verformungs-Verhaltens von *Fäden* können in vier Gruppen eingeteilt werden:

1. Messen der Dicke eines Fadens für ausgewählte Meßdrücke [1, 2, 44, 45, 46]
2. Druckbeanspruchung einer vorgespannten Fadenschar, die auf eine Platte aufgespannt wurde [32, 47 bis 52]
3. Druckbeanspruchung eines vorgespannten Fadenstranges [53]
4. Druckbeanspruchung eines Bündels von Fadenabschnitten [42, 43]

Die meisten dieser Prüfverfahren ermöglichen nur die Bestimmung der Dicke eines Fadens oder Fadenbündels für ausgewählte Meßdrücke. Zur Einschätzung des druckelastischen Verhaltens von Fäden ist jedoch die Aufnahme von Kraft-Verformungs-Diagrammen für Dauerwechseldruckbeanspruchungen sinnvoll. Dieser Forderung entspricht die zur Prüfung von Bauschen ausgewählte Belastungsart 4 am besten. Beim Anwenden dieses Verfahrens auf Fäden ist ein direkter Vergleich der Druck-Verformungs-Eigenschaften von Bauschen und Fadenbündeln möglich.

4.2. Vorschlag einer verbesserten Prüfeinrichtung

Für die folgenden Untersuchungen wird eine Prüfeinrichtung verwendet, die eine Weiterentwicklung des von *Friedemann* [42] beschriebenen Prüfgerätes darstellt. Die Prüfeinrichtung nach *Friedemann* besteht im wesentlichen aus 13 berührungslos ineinandergreifenden Lamellen, die eine durchgehende Bohrung von 12 mm Durchmesser aufweisen. In diese Bohrung wird ein Prüfling eingelegt, der anschließend zyklisch komprimiert wird. Der die sechs Oberlamellen aufnehmende Lamellenträger ist an einem wegarmen Kraftmesser, System *Honigmann*, befestigt, der über einen Verstärker eine Schreibeinrichtung steuert. Die sieben Unterlamellen werden durch eine Exzentervorrichtung auf- und abbewegt, wobei Hub und Frequenz wählbar sind.

Bild 2. Lamellenprüfeinrichtung im Zugprüfgerät ZT-4

Da das Prüfgerät nach *Friedemann* relativ aufwendig ist, wurde es bisher nur als Prototyp gebaut. Für die breite Anwendung dieses Prüfverfahrens ist die Entwicklung einer preisgünstigen Zusatzeinrichtung für moderne Zugprüfgeräte erforderlich. Eine derartige Zusatzeinrichtung wurde für das Zugprüfgerät ZT-4 vom VEB Thüringer Industriewerk Rauenstein geschaffen (Bild 2), die bei geringfügigen Veränderungen (anschraubbare Verbindungsstücke) für andere Zugprüfgeräte verwendbar ist. Bei der Konstruktion stand die Forderung nach hoher Funktionssicherheit im Vordergrund. Durch die Aufhängung der Lamellenpakete zwischen zwei Kardangelenken wird eine exakte Messung der in Lamellenrichtung wirkenden Kräfte garantiert. Der obere Lamellenträger gleitet in einer starren Führung, wodurch unkontrollierte Reibung zwischen den Lamellen ausgeschaltet wird. Die in den Gleitlagern der Führung auftretende Reibung kann durch Eichversuche ermittelt werden; die Reibkraft liegt je nach Qualität der Prüfeinrichtung in den Grenzen zwischen 10 und 40p. Anzahl und Dicke der Lamellen entsprechen dem *Friedemann*-Gerät

Da Bedenken hinsichtlich optimaler Form der von *Friedemann* gewählten Lamellenöffnung bestanden, wurden der kreisförmigen Lamellenöffnung mit 12 mm Durchmesser zwei Varianten mit quadratischer Lamellenöffnung (Seitenlängen 12 mm bzw. 25 mm) und eine Lamellenbohrung mit 13,5 mm Durchmesser gegenübergestellt.

Bei kreisförmiger Lamellenöffnung besteht im Gegensatz zur quadratischen Lamellenöffnung kein linearer Zusammenhang zwischen Abnahme des Meßraumvolumens und steigendem Vorschub. Der einem bestimmten Vorschub entsprechende Kompressionsgrad muß für die Kreisform folglich aus Bild 3 bestimmt werden.

Wird vorausgesetzt, daß die Fasern des Prüflings in der quadratischen Lamellenöffnung annähernd gleichmäßig verteilt sind, so müßten die bei Kompression auftretenden Reaktionskräfte über die ganze Druckfläche einer Lamelle hinweg gleiche Größe besitzen. Die kreisförmige Lamellenöffnung nimmt dagegen bei Meßraumverkleinerung eine zweieckige Querschnittsform an (Bild 4). Dabei verringert sich mit wachsendem Vorschub der Winkel zwischen den Tangenten, die an den Schnittstellen für die Bohrungen der oberen und unteren Lamellen an die Kreisabschnitte gelegt werden können. Bei hoher Kompression werden die an den Schnittstellen liegenden Fasern mehr komprimiert als die Fasern im Inneren des Meßraumes. Infolge der großen Packungsdichte im Meßraum und der zunehmenden Reibung zwischen den Fasern können diese zum

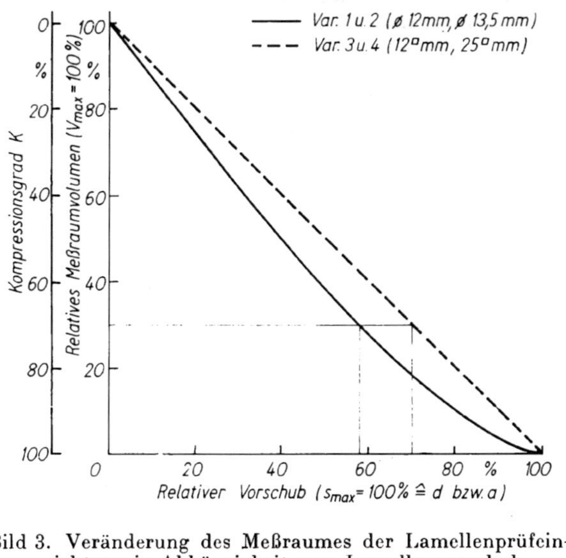

Bild 3. Veränderung des Meßraumes der Lamellenprüfeinrichtung in Abhängigkeit vom Lamellenvorschub

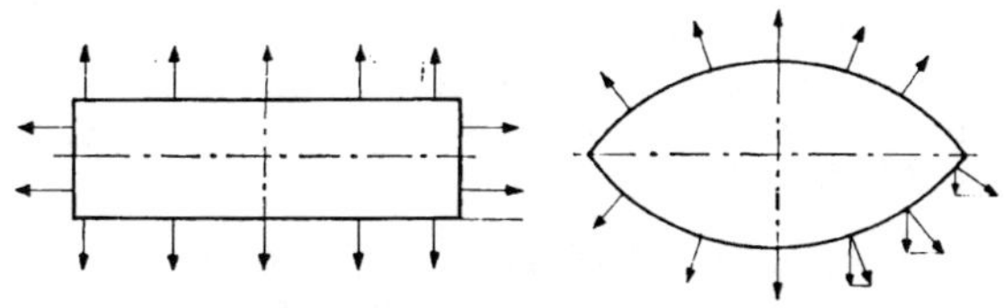

Bild 4. Druckverteilung für die Lamellenvarianten ⌀ 13,5 mm und 12 mm × 12 mm bei $K = 70\%$

Zwecke des Spannungsausgleiches nicht mehr in das Meßrauminnere ausweichen, so daß sie besonders stark gequetscht werden. Der Bausch wird also ungleichmäßig über den Lamellenquerschnitt beansprucht, weshalb gegenüber quadratischen oder rechteckigen Lamellenöffnungen höhere Kompressionskräfte erwartet werden könnten. Entgegen der Voraussage verläuft aber die Kompressionskraftkurve für die Variante (12 mm)² steiler als die für die Lamellenöffnung ⌀ 13,5 mm, die nahezu gleiches Meßraumvolumen besitzt. Die Gegenüberstellung der Lamellenformen bei 70% Kompression (Bild 4) zeigt, daß die Vektoren der Reaktionskräfte bei der quadratischen Lamellenform grundsätzlich parallel oder senkrecht zur Vorschubrichtung auf die Meßraumwände wirken, während sie bei der Kreisform unter verschiedenen Winkeln auftreten. Das Kraftmeßsystem erfaßt jedoch nur die vertikalen Komponenten, so daß die für die Kreisform angezeigte Kompressionskraft nur unvollkommen die tatsächlich wirkenden Kräfte widerspiegelt. Unter Berücksichtigung dieser Überlegungen wird die quadratische Lamellenöffnung der kreisförmigen vorgezogen.

Infolge des höheren Substanzvolumens bzw. der größeren Druckfläche steigt die Kompressionskraftkurve für die Variante (25 mm)² steiler an als die für die Variante (12 mm)². Nach Untersuchungen von *de MaCarty* und *Dusenbury* [14] besteht zwischen der Prüffläche und der Kompressionskraft ein linearer Zusammenhang, der durch eigene Versuche bestätigt wurde. Werden die jeweiligen Kraftmeßwerte prozentual auf die Kräfte bei 70% Kompression bezogen, so decken sich nahezu die Kurvenverläufe. Bei gleicher geometrischer Form der Lamellenöffnung hat das Meßraumvolumen, das die Höhe des elastischen Polsters unter der Druckfläche der Prüfeinrichtung bestimmt, offenbar keinen wesentlichen Einfluß auf den prinzipiellen Kurvenverlauf.

Für die folgenden Untersuchungen wird die Lamellenvariante (12 mm)² verwendet, da der Aufwand zum Herstellen der Prüflinge gegenüber der Variante (25 mm)² wesentlich geringer ist; die Gefahr der Lamellenverformung, die zur unkontrollierten Reibung in der Prüfeinrichtung führen kann, ist bei den kürzeren Lamellen der Variante (12 mm)² außerdem kleiner.

4.3. Prinzip der Beanspruchung des Prüflings

Für Druckbeanspruchung empfiehlt *Winkler* [55] eine konstante Spannungs- oder Dehnungsamplitude, die mit einer Dauerwechselbeanspruchung überlagert ist. Die Prüfung des Druck-Verformungs-Verhaltens kann deshalb

1. durch zyklisches Zusammendrücken des Prüflings jeweils bis zum Erreichen einer ausgewählten Kompressionskraft (konstante Wechselkraft, variabler Kompressionsgrad) oder

2. durch zyklisches Zusammendrücken des Prüflings jeweils bis zum Erreichen einer ausgewählten Kompressionsstufe (konstanter Kompressionsgrad, variable Wechselkraft)

erfolgen. Beide Prinzipien ermöglichen es, die den Verbraucher interessierenden Kenngrößen Zusammendrückbarkeit bzw. Kompressionskraft und Volumenelastizität zu bestimmen.

Beim Verkleinern des Meßraumes der Lamellen-Prüfeinrichtung ergeben Prüflinge mit geringer und solche mit hoher Voluminösität voneinander abweichende Kompressionskraft-Kennlinien. Da wenig voluminöse Prüflinge vor Kompressionsbeginn den Meßraum der Prüfeinrichtung nur teilweise ausfüllen, wird der Kompressionswiderstand des Prüflings erst nach einem bestimmten Lamellenhub wirksam. Mit fortschreitender Kompression nimmt die Kompressionskraft exponentiell zu, wobei sie mit der Annäherung an den Kompressionsgrad $K = 100\%$ dem Wert $P \to \infty$ zustrebt. Demgegenüber tritt bei Prüflingen mit hoher Voluminösität sofort mit Kompressionsbeginn ein wachsender Kompressionswiderstand auf; die Kompressionskraft-Kennlinie verläuft im Anfangsbereich steiler als bei wenig voluminösen Prüflingen.

Wird der Kompressionsvorgang bei einem konstanten Kompressionsgrad K abgebrochen (Prinzip 2), so können die jeweils gemessenen Höchstkräfte als Kenngrößen für die Voluminösität oder andere charakteristische Eigenschaften des Prüflings angesehen werden. Die Reproduzierbarkeit des Verfahrens ist in diesem Fall durch definierte Veränderung des Meßraumes gegeben. Der Kompressionsgrad bezeichnet hierbei *nicht* die jeweilige Verringerung des Prüflingsvolumens, sondern gibt die Abnahme des Querschnittes der Lamellenöffnung an.

Eine andere Prüfmöglichkeit besteht in der Kompression des Prüflings zwischen zwei Belastungsstufen (Prinzip 1). Dabei ist der jeweils gemessene Lamellenhub ein Maß für die Zusammendrückbarkeit der Prüflinge. Beim Prinzip 1 ist aber von Nachteil, daß auf Grund der geringen Größe der Lamellenöffnung relativ kleine Lamellenhübe gemessen werden müssen. Diese können beim Prüfgerät ZT-4 nur maximal fünffach übersetzt werden, wodurch das Ablesen der Meßwerte in hohem Maße fehlerbehaftet ist. Daneben ist der Einbau einer Hubbegrenzungseinrichtung in das Zugprüfgerät ZT-4 einfacher als der einer Vorrichtung zur Kompressionskraftbegrenzung. Zu berücksichtigen ist auch, daß das Prüfgerät ZT-4 mit konstanter Verformungsgeschwindigkeit arbeitet. Beim Belasten der Prüflinge würde die festgelegte Maximalkraft infolge des faserstoffabhängigen Kompressionsverlaufes nach unterschiedlichen Zeiten erreicht werden, während beim Prinzip 2 stets die gleiche Zeit bis zum Erreichen des vorgegebenen Kompressionsgrades benötigt wird.

Für die Durchführung von Druck-Verformungs-Untersuchungen mit der im Abschnitt 4.2 beschriebenen Prüfeinrichtung und unter Verwendung des Zugprüfgerätes ZT-4 ist deshalb das Beanspruchungsprinzip 2 (konstanter Kompressionsgrad) am vorteilhaftesten. Durch Auswertung der beim Druck-Verformungs-Versuch anfallenden Kompressionskraft-Kompressionsgrad-Diagramme ist es möglich, zusätzlich zu den an der Meßuhr abgelesenen Kompressionskraft-Werten Informationen über die Kompression von Prüflingen bei bestimmter Kompressionskraft zu erhalten.

4.4. Auswahl des Kompressionsgrades

Die Festlegung des Kompressionsgrades steht im Zusammenhang mit der Prüflingsgröße und der für die Prüfeinrichtung zulässigen Belastung von 1,8 kp. Beim Einstellen eines hohen Kompressionsgrades K muß das Substanzvolumen des Prüflings klein sein, damit die zulässige Belastung nicht überschritten wird. Im Grenzfall $K \to 100\%$ strebt die Faseranzahl im Prüfling gegen Null; die Druckelastizitätsprüfung am Bausch oder Fadenbündel wird dabei durch eine Quetschelastizitätsprüfung an wenigen Fasern oder an der Einzelfaser ersetzt. Umgekehrt erfordert die Auswahl eines niedrigen Kompressionsgrades ein großes Substanzvolumen, wobei der Aufwand zum Herstellen des Prüflings steigt und der Prüfling beim Einführen in den Meßraum stark vorkomprimiert werden muß.

Optimale Bedingungen dürften bei einem Kompressionsgrad von $K = 70\%$, d. h. Verkleinern des Meßraumes auf 30% seines anfänglichen Volumens, zu erwarten sein. Ein ausreichend großer Prüfling wird dann selbst bei hoher Voluminösität nur einer geringen Vorkompression beim Einführen in den Meßraum unterworfen. Infolge des unterschiedlichen Kraft-Verformungs-Verhaltens der Faserstoffe bei hoher und niedriger Belastung und bei verschiedenartigen Beanspruchungsverhältnissen in dicht oder locker gepackten Prüflingen ist natürlich zu erwarten, daß die Stufung des Kompressionswiderstandes der Prüflinge vom Kompressionsgrad abhängt. Ein absoluter Vergleich von Prüflingen aus verschiedenartigen Faserstoffen erfordert deshalb stets die Betrachtung des gesamten Verlaufes der Kompressionskurven. Aus praktischen Gründen ist jedoch die Angabe der Kompressionskräfte für einen ausgewählten Kompressionsgrad ($K = 70\%$) zweckmäßig, die bei Bedarf durch einen Vergleich der Kompressionsverläufe oder durch die Angabe des bei einer festgelegten Kraft auftretenden Kompressionsgrades (aus dem Diagramm entnommen) ergänzt werden kann. Vorversuche zeigten, daß die Rangfolgeänderungen der Kompressionskräfte für verschiedene Kompressionsgrade relativ unbedeutend sind, weshalb die Problematik der Festlegung des Kompressionsgrades vornehmlich durch den bei der Prüflingsvorbereitung erforderlichen Aufwand bestimmt wird.

4.5. Beschaffenheit der Prüflinge

Nach Abschnitt 4.1 soll das Druck-Verformungs-Verhalten an Prüflingen mit Faserparallellage ermittelt werden. Ideale Faserparallellage ist dann vorhanden, wenn jede Faser durch Einwirkung einer bestimmten Zugkraft gestreckt wird. Beim Verformen der Faserkräuselung geht aber das für den Bausch charakteristische Merkmal hoher Voluminösität verloren. Andrerseits sind die zum Beispiel in Faserbändern enthaltenen Fasern nur annähernd parallel zueinander angeordnet. Die Forderung nach Faserparallellage ist also lediglich in dem Maße sinnvoll, daß eine bevorzugte Längsausrichtung der Fasern im Bausch vorhanden sein muß. Analoges gilt für Fäden.

Aus praktischen Gründen werden die parallelisierten Faser- oder Fadenbündel auf eine Länge von 40 mm im *ungedehnten* Zustand geschnitten. Die aus der Stapelschneidevorrichtung entnommenen Faser- oder Fadenbündel werden parallel aufeinandergelegt und auf einen vorgegebenen Massewert abgewogen. Da ein exakter Vergleich der Faserstoffeigenschaften nur bei konstantem Substanzvolumen V_S des Faserstoffes, d. h. bei Berücksichtigung der Faserstoffdichte ϱ, möglich ist [54], wird die Prüflingsmasse m aus

$$m = k \cdot V_S \cdot \varrho$$

mit k Korrekturfaktor für Verhältnis der Schnittlänge (40 mm) zur Meßraumlänge (16,6 mm), $k = 2{,}41$
oder

$$m = k \cdot V_{\max} \cdot \left(1 - \frac{V_P}{100}\right) \cdot \varrho$$

mit $V_{\max}$ maximales Meßraumvolumen, für Lamellenvariante $(12\ \text{mm})^2 = 2{,}39\ \text{cm}^3$,
V_P Porenanteil in %

berechnet.

Der Porenanteil ist so festzulegen, daß der zur Verfügung stehende Kraftmeßbereich möglichst gut ausgenutzt wird. Für die Versuche an Faserbauschen erwies sich ein Porenanteil von $V_P = 96\%$ als optimal. Bei diesem Porenanteil werden an Prüflingen aus klassisch hergestellten Fäden in der Regel wesentlich niedrigere Kompressionskräfte als an Prüflingen aus Faserbauschen gemessen. In den Fällen, in denen *kein* unmittelbarer Vergleich zwischen den Bausch- und Fadenbündeleigenschaften durchgeführt wird, ist deshalb die Festlegung eines niedrigeren Porenanteiles von $V_P = 95\%$ oder gegebenenfalls $V_P = 94\%$ zulässig. Hierdurch können die Meßwerte für verschiedenartige Prüflinge aus Fäden besser unterschieden werden.

Wie bereits *Vieth* [10] feststellte, kann der Zusammenhang zwischen Kompressionskraft P und Prüflingsmasse m durch eine Potenzfunktion der Form

$$P = c \cdot m^w$$

mit c, w Konstanten

beschrieben werden. Der Exponent w wurde zum Beispiel für Bausche aus Polyesterfasern zu $w = 2{,}5$ und für Fadenbündel aus WOLPRYLA-65-Hochbauschfäden zu $w = 2{,}6$ ermittelt.

4.6. *Zeitlicher Ablauf des Prüfvorganges*

Infolge der Trägheit der Schreib- und Meßeinrichtungen im Prüfgerät ZT-4 wurden bei *Prüfgeschwindigkeiten* oberhalb von 150 mm/min zunehmend verzerrte Be- und Entlastungskurven festgestellt. Es ist deshalb zu empfehlen, mit niedrigen Geschwindigkeiten zu prüfen. Andrerseits entsprechen extrem langsam ablaufende Be- und Entlastungsvorgänge nicht den praktischen Beanspruchungen. Daneben ist zu beachten, daß der Zeitaufwand beim Prüfen möglichst gering sein soll. Für die nachfolgenden Untersuchungen wurde eine Prüfgeschwindigkeit von 50 mm/min festgelegt, wobei sich im Interesse einer eventuellen Automatisierung des Prüfablaufes die Be- und Entlastungsgeschwindigkeiten nicht unterscheiden.

Zur Auswahl der optimalen *Be- und Entlastungsdauer* wurde die Belastungszeit nach erfolgter Kompression in den Grenzen zwischen 0 und 5 min und die Entlastungszeit zwischen 30 s und 5 min variiert. Der Kompressionsverlauf war bei allen Varianten grundsätzlich gleich. Unterschiede ergaben sich nur hinsichtlich des absoluten Betrages der Verlustarbeit im ersten Zyklus und der Meßwertdifferenzen für Kompressionskraft und Verlustarbeit zwischen dem ersten und dem i-ten Zyklus. Im Interesse einer kurzen Prüfdauer wurde für die Be- und Entlastung eine Zeit von jeweils 30 s festgelegt.

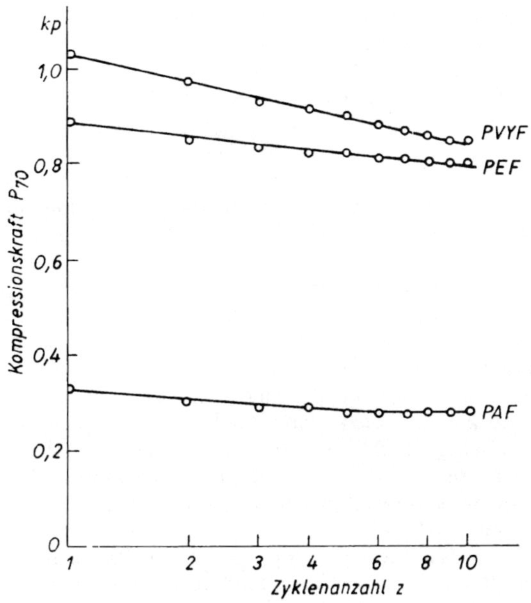

Bild 5. Abnahme der Kompressionskraft mit zunehmender Zyklenanzahl für Polyacrylnitril-, Polyester- und Polyamidfaserbausche ($V_P = 96\%$, 10 Einzelversuche)

Bei den bisher bekannten Prüfverfahren zur Ermittlung der Volumenelastizität wird die Anzahl der erforderlichen Be- und Entlastungen zwischen 3 und 360 angegeben. Für die rationelle Gestaltung des Prüfverfahrens ist eine möglichst geringe *Zyklenanzahl* zu fordern, wobei ausreichend große Meßwertunterschiede zwischen erstem und letztem Zyklus gewährleistet sein müssen. Bild 5 zeigt die Abnahme der Kompressionskraft mit steigender Zyklenanzahl z für Bausche aus Polyacrylnitril-, Polyester- und Polyamidfasern. Die Meßwertdifferenz $P_i - P_{i+1}$ zwischen zwei aufeinanderfolgenden Zyklen verläuft nach einer Potenzfunktion und erreicht bei einer kritischen Zyklenanzahl den Grenzwert 0. Nach *Vieth* [10] ergibt die Darstellung der Kompressionskraft als Funktion des Logarithmus der Zyklenanzahl eine Gerade, zu deren Bestimmung nur wenige Be- und Entlastungen erforderlich sind. Wie Bild 5 zeigt, ist diese Feststellung auch für die untersuchten Prüflinge zutreffend. Mitunter kann aber ein leichtes Abknicken der Kurvenverläufe beim fünften Zyklus beobachtet werden (vgl. PAF im Bild 5); die Kompressionskraft fällt danach kaum noch ab. Für die Auswertung der Kompressionskraftabnahme sollten folglich nur die ersten fünf Zyklen aufgenommen werden, wobei die Kompressionskraft vom ersten zum fünften Zyklus bei den untersuchten Polyamidfaser-Bauschen um etwa 15%, bei den Polyacrylnitrilfaser-Bauschen um 13% sowie bei den Polyesterfaser-Bauschen um etwa 8% abfällt. Bei einer Zyklenanzahl von $z = 10$ wird für Polyamidfasern keine weitere Veränderung festgestellt, während sich für Polyacrylnitril- und Polyesterfasern Abnahmen von rund 18% bzw. 10% ergeben.

4.7. *Versuchsauswertung*

Zum Vergleich der Druck-Verformungs-Eigenschaften verschiedenartiger Prüflinge kann einmal auf die direkt meßbaren Größen der maximalen Kompressionskräfte

P_{70} für jeden Belastungszyklus zurückgegriffen werden. Beim Vorhandensein eines geeigneten Arbeitsmessers ist zusätzlich das Ablesen der Kompressionsarbeit sowie der Verlustarbeit für jeden Zyklus möglich. Durch Auswertung der beim Versuch mitgeschriebenen Be- und Entlastungskurven können Zahlenwerte für die Kompressions-, Entlastungs- oder Verlustarbeit sowie für den Anteil der elastischen bzw. bleibenden Verformung an der konstanten Gesamtdeformation gewonnen werden.

Die für zwei oder mehr ausgewählte Zyklen erhaltenen Meßgrößen lassen sich in bezogene Größen umwandeln, durch die Eigenschaftsveränderungen zahlenmäßig gekennzeichnet werden können. Andrerseits besteht die Möglichkeit, aus den Meßwerten neue Kurvenzüge zu konstruieren und diese beispielsweise flächenmäßig auszuwerten; die hierbei erhaltenen Zahlenwerte spiegeln jedoch die tatsächlichen Verhältnisse oftmals verzerrt wider und sind deshalb nur begrenzt aussagefähig.

Bei der Charakterisierung der Druck-Verformungs-Eigenschaften eines Prüflings muß unterschieden werden zwischen der Beurteilung des Kompressionswiderstandes oder des druckelastischen Verhaltens für *einen* ausgewählten Zyklus und dem Eigenschaftsverfall über *mehrere* Zyklen. Aus der Vielzahl möglicher Kenngrößen haben sich folgende als besonders geeignet erwiesen:

Kompressionskraft $P_{70/5}$

Die Kompressionskraft kennzeichnet die Weichheit des Prüflings, d. h. seinen Widerstand gegen eine Deformation unter bestimmten Bedingungen. Im Zusammenhang mit der Auswahl des Kompressionsgrades wurde bereits darauf hingewiesen, daß die Angabe der Kompressionskraft für einen ausgewählten Kompressionsgrad ($K = 70\%$) zweckmäßig ist. Von Bedeutung ist weiterhin, welcher Be- und Entlastungszyklus für die Gegenüberstellung der Prüflinge verwendet wird. Wie bereits *Vieth* [10] nachwies, ist die Auswertung der ersten Zyklen durch Einflüsse der Probenvorbereitung und durch die hohe Verlustarbeit infolge der beim Zusammendrücken des Prüflings zu überwindenden Reibung zwischen den Fasern weniger aussagefähig als zum Beispiel die Betrachtung des fünften Zyklus, bei dem bereits ein relativ stabiler Zustand erreicht ist und in der Regel geringere Variationskoeffizienten zu verzeichnen sind. Die Beurteilung der Prüflinge soll deshalb für den fünften Zyklus (Kenngröße $P_{70/5}$) vorgenommen werden.

Das Druck-Verformungs-Verhalten läßt sich weiterhin durch den mehr oder weniger ausgeprägten *Eigenschaftsverfall* über einer festgelegten Anzahl von Be- und Entlastungen kennzeichnen. Ein Prüfling, der im ersten bzw. i-ten Zyklus stark bleibend verformt wurde, setzt den nachfolgenden Belastungen auch einen niedrigeren Kompressionswiderstand entgegen. Aus dem Grad dieser Eigenschaftsminderung kann folglich ebenfalls auf das elastische Verhalten des Prüflings während der vorangegangenen Belastung geschlossen werden. Die aufwendige und oft ungenaue Bestimmung der elastischen bzw. bleibenden Verformung für einen ausgewählten Zyklus läßt sich also mit Einschränkung durch die vorteilhaftere Beurteilung des Abfalls der Kompressionskraft über der Anzahl von Be- und Entlastungen ersetzen. Hierfür kommen folgende Kenngrößen in Frage:

Kompressionskraftabnahme C_K

Nach Bild 5 ergibt die Darstellung der Kompressionskraft P_{70} als Funktion des Logarithmus der Zyklenanzahl z in der Regel zwischen dem ersten und dem fünften Zyklus eine Gerade. Es liegt nahe, aus den Kompressionskräften für die erste und fünfte Belastung sowie den Logarithmen der zugehörigen Zyklenzahlen eine Kenngröße für die Neigung der Geraden $P_{70/z} = f(\lg z)$ zu berechnen. Diese Kenngröße soll als „Kompressionskraftabnahme" (Symbol: C_K) bezeichnet werden. Sie bringt zum Ausdruck, um welchen Absolutbetrag die Kompressionskraft zwischen erstem und zehntem Zyklus abnehmen würde, wenn die Kompressionskraft in diesem Bereich ideal der Funktion

$$P_{70/z} = -C_K \cdot \lg z + P_{70/1}$$

entsprechen würde:

$$C_K = \frac{P_{70/1} - P_{70/5}}{\lg 5 - \lg 1} = \frac{P_{70/1} - P_{70/5}}{0{,}699.}.$$

Kompressionskraftverlust C_V

Wird die Kompressionskraftabnahme C_K prozentual auf $P_{70/1}$ bezogen, so erhält man einen vergleichbaren Relativwert für die Kompressionskraftverminderung bei Dauerwechseldruckbeanspruchung, der als „Kompressionskraftverlust" (Symbol: C_V) bezeichnet werden soll:

$$C_V = \frac{C_K}{P_{70/1}} \cdot 100\%.$$

Bei der Verwendung dieses Relativwertes ist zu berücksichtigen, daß die Bezugnahme auf kleine $P_{70/1}$-Werte (unter 0,50 kp) stets mit relativ großer Ungenauigkeit behaftet ist, da die Meßfehler wesentlich stärker in das Ergebnis eingehen als bei großen $P_{70/1}$-Werten.

4.8. *Einschätzung des Prüfverfahrens*

Für die Einführung der angegebenen Prüfmethode in die Praxis ist eine Einschätzung des Prüfaufwandes im Verhältnis zum Informationsgewinn erforderlich. Die Analyse der Deformationsvorgänge an Bauschen und Fäden zeigt, daß die beim Druck-Verformungs-Versuch anfallenden Kenngrößen grundsätzlich komplexen Charakter tragen. In den nachfolgenden Untersuchungen wird nachgewiesen, daß interessante Aussagen über die Einflüsse der Faserstoffeigenschaften und der Fadenkonstruktion auf das Verhalten der Fasern, Bausche und Fäden bei Druckeinwirkung gewonnen werden können. Dadurch ergibt sich mit Einschränkung die Möglichkeit, die Ermittlung des Druck-Verformungs-Verhaltens von Bauschen und Fadenbündeln als zentrale Prüfung einer betrieblichen Gütekontrolle zum Beispiel im chemiefaserstoffherstellenden Betrieb durchzuführen und einige aufwendige Routineprüfungen abzulösen. Umfangreichere Untersuchungen sind dann erst zur Aufklärung wesentlicher Abweichungen der ermittelten Druck-Verformungs-Kenngrößen von vorgegebenen Sollwerten notwendig. Diese Rationalisierung der TKO-Prüfung in einigen Bereichen der Chemiefaserstoff- und Textilindustrie bringt Einsparung von Arbeitskräften und vermindert die Zeit bis zum Vorliegen der Daten für die Qualitätseinstufung.

Der Zeitaufwand zur Herstellung eines Prüflings für den Druck-Verformungs-Versuch beträgt im günstigsten Fall etwa 3 min bei Proben in Form von Faserbändern oder Fadensträngen, im ungünstigsten Fall (Faserflocken mit schlechtem Auslösungsgrad) etwa 15 bis 25 min. Für die Versuchsdurchführung und -auswertung werden maximal 7 min für jeden Einzelversuch benötigt. Dagegen ist für das *Vieth*-Verfahren insgesamt der 5,8- bis 1,7fache Zeitaufwand erforderlich. Gegenüber dem *Friedemann*-Verfahren ist ebenfalls Zeiteinsparung zu verzeichnen.

5. Zusammenfassung

5.1. Die sich bei Druckeinwirkung und anschließender Entspannung in einem Faserbausch oder Fadenbündel abspielenden Vorgänge sind bisher noch wenig erforscht. Entsprechende Analysen führen zur Erkenntnis, daß hierbei komplizierte Wechselbeziehungen zwischen einer Vielzahl von Faserstoff- und Anordnungsparametern auftreten.

5.2. Bei der Auswahl eines geeigneten Prüfverfahrens konnte auf eine große Anzahl bekannter Prüfverfahren zurückgegriffen werden, die systematisch geordnet wurden. Im Ergebnis einschätzender Betrachtungen dieser Prüfmethoden wurde auf der Grundlage des von *Friedemann* vorgeschlagenen Prüfgerätes eine Zusatzeinrichtung für Zugprüfgeräte entwickelt, mit der parallelisierte Bausche oder Fadenbündel zwischen Lamellen zyklisch komprimiert werden können. Der quadratische Meßraumquerschnitt der Lamellen ermöglicht gegenüber der kreisförmigen Lamellenöffnung nach *Friedemann* eine gleichmäßigere Beanspruchung der Prüflinge und eine exaktere Messung der hierbei auftretenden Kompressionskräfte.

5.3. Die zyklische Belastung der Prüflinge erfolgt nach dem Prinzip der konstanten Kompression bis zu einem Kompressionsgrad von $K = 70\%$.

5.4. Zum Zwecke der besseren Vergleichbarkeit verschiedener Faserstoffarten weisen die Prüflinge ein konstantes Substanzvolumen auf, das in der Regel durch einen Porenanteil von $V_P = 96\%$ gekennzeichnet ist.

5.5. Der optimale zeitliche Verlauf des Prüfvorganges ist durch eine Prüfgeschwindigkeit von 50 mm/min und eine Be- und Entlastungsdauer von jeweils 30 s definiert. Ein Versuch umfaßt fünf Be- und Entlastungen.

5.6. Die Auswertung des Druck-Verformungs-Versuches erfolgt vor allem anhand der bei der fünften Belastung gemessenen maximalen Kompressionskraft $P_{70/5}$ als Maß für die Weichheit bzw. Voluminösität sowie durch die Berechnung der Kompressionskraftabnahme C_K und des Kompressionskraftverlustes C_V als Maß für die absolute bzw. relative Druckelastizität des Prüflings.

5.7. Das vorgeschlagene Prüfverfahren ist rationeller als die Verfahren nach *Vieth* oder *Friedemann*.

6. Literatur

[1] *Sommer, H.:* Zusammendrückbarkeit und Weichheit von Textilien. Melliand Textilber. **17** (1936) S. 630—632, 712—714, 786—788.

[2] *Bobeth, W.,* und *Vollrath, L.:* Mechanisches Feindickenmeßgerät mit variierbaren Meßkräften für vielseitige Einzelfaser-Untersuchungen. Faserforsch. u. Textiltechnik **9** (1958) 12, S. 543—550.

[3] *Bobeth, W.,* und *Vollrath, L.:* Zum Deformationsverhalten von Faserstoffen bei Quetschbeanspruchung. Faserforsch u. Textiltechnik **14** (1963) 10, S. 431—439; 11, S. 489—494.

[4] *Eggert, M.* und *J.:* Das elastische Verhalten von Faserstoffbauschen. In: Beiträge zur Kenntnis der Wolle und ihrer Bearbeitung. Hrsg. von *H. Mark.* Berlin: Verlag Borntraeger 1925.

[5] *Komarov, B. P.:* Einfluß der Zusammenpressung einer Leinenfasermasse auf einige ihrer physikalisch-mechanischen Eigenschaften. 1. Teil. Izv. vysšich uč. Zav. Technol. tekstil. Prom. (Hochschulnachr. Technol. Textil-Ind.) (1961) 2, S. 33—42.

[6] *Demiruren, A.,* und *Burns, R. H.:* Resilience of scoured wool. Textile Res. J. **25** (1955) 8, S. 665—675.

[7] *Winson, C. G.:* Report on a method for measuring the resilience of wool. J. Textile Inst. **23** (1932) 12, S. T386 bis T393.

[8] *Schickhardt, O.:* Ausarbeitung eines Verfahrens zur Messung der Bauschelastizität von Wolle. Dt. Forschungsgemeinschaft Wolle, Heft 25 (1959).

[9] *Henning, H.-J:* Über die Messung der Bauschelastizität von Textilien. Melliand Textilber. **15** (1934) 12, S. 537 bis 540.

[10] *Vieth, H.:* Über ein Verfahren zur Messung der Bauschigkeit an der Faserflocke. Faserforsch. u. Textiltechnik **10** (1959) 3, S. 104—114.

[11] *Bobeth, W., Kittelmann, W.,* und *Mikut, R.:* Beitrag zur Prüfung voluminöser Vliesstoffe. Faserforsch. u. Textiltechnik **17** (1966) 4, S. 154—161.

[12] *Van Wyk, C. M.:* Note on the compressibility of wool. J. Textile Inst. **37** (1946) 11, S. T285—T292.

[13] *Larose, P.:* Observations on the compressibility of pile fabrics. Textile Res. J. **23** (1953) 10, S. 730—735.

[14] *De MaCarty, P. C.,* und *Dusenbury, I. H.:* On the bulk compression characteristics of wool fibres. Textile Res. J. **25** (1955) 10, S. 875—885.

[15] *Herzog, G.:* Polsterroßhaar und seine Prüfung. Mitt. Material-Prüfamt Berlin-Lichterfelde West 1915, S. 326 bis 336.

[16] *Koch, P.-A.,* und *Wagner, E.:* Handbuch für Textilingenieure und Textilpraktiker. Bd. IB. 7. Aufl. Wuppertal-Elberfeld: Dr.-Spohr-Verlag 1959.

[17] *Rees, W. H.:* The over-all specific volume of Kapok. J. Textile Inst. **37** (1946) 5, S. T121—T139.

[18] *Busse, W. F.:* Application of high compression stresses to textile fibres. Part I. Textile Res. J. **23** (1953) 2, S. 77—83.

[19] *Kolb, H. J., Stanley, H. E., Busse, W. F.,* und *Billmeyer, F. W.:* Application of high compression stresses to textile fibres. Textile Res. J. **23** (1953) 2, S. 84—90.

[20] *Holzer, P. J.:* Untersuchung der Bauschelastizität der Wolle. Textil-Praxis **15** (1960) 12, S. 1232—1234.

[21] *Baljasov, B. D.:* Die Bedeutung der Bauschelastizität von Baumwolle für die technologischen Prozesse. Izv. vysšich uč. Zav. Technol. tekstil. Prom. (Hochschulnachr. Technol. Textil-Ind.) (1963) 3 (34), S. 7—18; 5 (36), S. 10—19.

[22] *Baljasov, B. D.:* Bauschelastizität von Wolle und ihre Bedeutung für die technologischen Prozesse. Izv. vysšich uč. Zav. Technol. tekstil. Prom. (Hochschulnachr. Technol. Textilind.) (1965) 5 (48), S. 17—28; dt. in: Sowj. Beiträge Faserforsch. u. Textiltechnik **3** (1966) 5, S. 253—260.

[23] *Perner, H.,* und *Schlegl, E.:* Bestimmung des Auflösungsgrades der Baumwolle an Putzereimaschinen. Faserforsch. u. Textiltechnik **11** (1960) 12, S. 570—578.

[24] *Moumneh, A.:* Auflösungsgrad-Prüfgerät. Diplomarbeit TU Dresden, Inst. f. Textiltechnik 1965.

[25] *Götze, K.:* Chemiefasern nach dem Viskoseverfahren. 2. Bd., 3. Aufl., S. 1251. Berlin/Heidelberg/New York: Springer 1967.

[26] *Slinger, R. I.:* Factors influencing the restistance to compression of wool fiber ensembles. Textile Res. J. **35** (1965) 9, S. 856—858.

[27] *Kaufmann, D.:* Untersuchungen an der Wanderdeckelkrempel. 6. Teil. Textil-Praxis **17** (1962) 4, S. 326—336.

[28] *Gottlieb, J. M., Wakeham, H.,* und *Virgin, H. M.:* Compressional and absorptive behavior of bulk fiber systems. Textile Res. J. **28** (1958) 1, S. 41—46.

[29] *Sharma, D. R., Sivaraman, C.,* und *Iyer, K. B.:* Kapok fibres: Bulk, resilience and thermal insulation properties. Textile Manufacturer **91** (1965) 1086, S. 230 bis 234, 238.

[30] Elaston — ein neuartiges Polstermaterial. Informationsschrift der Svenska Rayon Aktiebolaget.

[31] *Finch, R. B.:* Compressional behavior of textile materials. Textile Res. J. **18** (1948) 3, S. 165—177; 4, S. 227—234.

[32] *Fox, K. R.,* und *Schwarz, E. R.:* An instrument for the study of compressional creep and creep recovery of yarns and fabrics. Textile Res. J. **11** (1941), S. 227—237.

[33] *Fok, S. M.*, und *Finzel, T. G.*: Improved method for bulk compression of staple fibres. Textile Res. J. **26** (1956) 9, S. 684—686.
[34] *Albrecht, W.*: Qualitätskontrolle bei der Faserherstellung und -weiterverarbeitung. Z. ges. Textilind. **67** (1965) 11, S. 863—868.
[35] *Rudolph, L.*: Ein neues mechanisiertes Bauschelastizitätsprüfgerät. Dt. Textiltechn. **8** (1958) 8, S. 378—380.
[36] *Saxl, I. J.*: Last-Kompressions-Charakteristiken in der Textilindustrie. Melliand Textilber. **19** (1938) S. 47—48.
[37] *Rees, W. H.*: The over-all specific volume, compressibility and resilience of fibrous materials. J. Textile Inst. **39** (1948) 4, S. T131—T141.
[38] *Mutschler, H.*: Das Druck- und Entspannungsvolumen und der Volumen- oder Bauschelastizitätsgrad von textilen Faserstoffen und deren Veränderung bei fortschreitender Verarbeitung. Textil-Praxis **4** (1949) S. 106 bis 108.
[39] *Doehner, H.*: Die qualitätsbestimmenden Eigenschaften der Wollhaare. In: Wollkunde. Hrsg. von *H. Doehner* und *H. Reumuth.* Berlin, Hamburg: Paul Parey 1964.
[40] *Pidgeon, L. M.*, und *van Winsen, A.*: Der Einfluß absorbierten Wassers auf die physikalischen Eigenschaften des Asbests und anderer Fasern mit besonderer Berücksichtigung der Bauschelastizität. Canad. J. Res. **10** (1934) S. 1—18.
[41] *Flanagan, G. F.*, und *Garrow, C.*: Vacuum-pressing of wool. J. Textile Res. **56** (1965) 8, S. T420—T431.
[42] *Friedemann, W.*: Über Bauschigkeitsmessungen an Chemiefaserstoffen. Faserforsch. u. Textiltechnik **15** (1964) 8, S. 340—352.
[43] *Hearle, J. W. S.*, und *El-Behery, H. M. A. E.*: The transmission of transverse stresses in fibre assemblies. J. Textile Inst. **51** (1960) 4, S. T164—T171.
[44] *Mecheels, O.*: Das Problem der Weichmachung des Textilgutes und die Messung der Weichheit. Melliand Textilber. **13** (1932) 1, S. 31—32; 2, S. 77—79.
[45] *Anderson, S. L.*, und *Settle, G. E.*: Durchmesser und Zusammendrückbarkeit von Wollgarnen: Der Einfluß der linearen Dichte, der Drehung und des Faserdurchmessers. Cirtel, Section 4, S. 189—198. (Ref. in: Textil-Praxis **21** (1966) 1, S. 68).
[46] *Onions, W. J.*, *Oxtoby, E.*, und *Townend, P. P.*: Factors affecting the thickness and compressibility of worsted-spun yarns. J. Textile Inst. **58** (1967) 7, S. T293—T315.
[47] *Schiefer, H. F.*: The compressometer, an instrument for evaluating the thickness, compressibility and compressional resilience of textiles and similiar materials. Textile Res. J. **3** (1933) 10, S. 505—513.
[48] *Šhalov, J. I.*: Bewertung der Fülligkeit von Fäden und Gewirken. Tekstil. Prom. (Textil-Ind.), Moskva **24** (1964) 1, S. 24—27.
[49] *Danilov, B. D.*: Bestimmen der Garnfülligkeit. Tekstil. Prom. (Textil-Ind.), Moskva **26** (1966) 8, S. 70—75; dt. in: Sowj. Beitr. Faserforsch. u. Textiltechnik **4** (1967) 1, S. 34—38.
[50] *Troll, W.*: Entwicklung einer Methode zur Charakterisierung der Bauschigkeit von Fäden. Belegarbeit am Inst. f. Textiltechnik der TU Dresden 1964.
[51] *Wust, E.*: Untersuchungen über PVY-Bauschgarne. Diplomarbeit am Inst. f Textiltechnik der TU Dresden 1965.
[52] *Schöning, K.*: Formstabilität von WOLPRYLA-Hochbauschfäden. Großer Beleg am Inst. f. Textiltechnik der TU Dresden 1966.
[53] *Rozycki, A.*: Hochbauschgarne. Prüfmethoden und Charakteristik. Prace Inst. Włokienn. (1965) 15, S. 17 bis 39.
[54] *Böhringer, H.*, und *Graf, W.*: Aus der Zellwollforschung. II. Gebrauchsgewebe aus verschiedenen Faserarten und ihr Gütevergleich. Melliand Textilber. **24** (1943) 8, S. 347—352.
[55] *Winkler, F.*: Systematik der dynamischen Prüfverfahren für hochpolymere Festkörper. I. Dauerwechselzugprüfung von Textilien. Faserforsch. u. Textiltechnik **9** (1958) 3, S. 109—117.

Eingegangen am 4. Mai 1970

Über die Beziehungen von Cellulose- und Zugholzgehalt des Pappelholzes[1]

Gerhard Patscheke und Ruth Zenker

DK 674.031.32:674.038.15:661.728:581.4

Die Cellulose- und Zugholzgehalte von Holzproben 15jähriger Stämme von 14 Pappelsorten wurden bestimmt. Die Cellulosegehalte erwiesen sich abhängig von Einflüssen der Sorte, der Höhe am Stamm und der Größe des Zugholzanteiles und besaßen eine erhebliche Streuung. Die holzstrukturellen Ursachen dieser Zusammenhänge werden diskutiert.

О взаимосвязи между содержанием целлюлозы и тяговой древесины в древесине тополя

Определено содержание целлюлозы и тяговой древесины в образцах 15-летних стволов 14 сортов тополя. При этом установлено, что значения содержания целлюлозы сильно расходились и, кроме того, наблюдалось влияние сорта, высоты вболь ствола и содерижания тяговой древесинына эти значения. Исходя из структуры древесины обсуждены причины этих явлений.

Relationship between the Contents of Cellulose and Tension Wood in Poplar

The Content of cellulose and tension wood was determined with 14 kinds of 15 years old poplar wood. The content of cellulose was found to vary with kind, height in the trunk and content of tension wood, the values obtained being subject to large scattering. These relationships are discussed in terms of the wood structure.

1. Problemstellung

Das Hauptmerkmal des Zugholzes der Pappel ist die der S_2-Schicht der Faserzellwand eingelagerte ligninfreie, fast nur aus Cellulose bestehende sog. „gelatinöse" (*G*) Schicht. Dieser Aufbau des Zugholzes läßt erwarten, daß Pappelholz um so cellulosereicher sein muß, je größer sein Zugholzgehalt ist. In der Tat sind viele Fälle bekannt geworden, in denen zugholzreiches Holz höhere Cellulosegehalte aufwies als zugholzfreies Normalholz [4, 5, 6, 10]. *W. Klauditz* [5, 6] gelangte auf Grund seiner Untersuchungen zu der Ansicht, daß das zugholzfreie Normalholz der Pappeln ganz allgemein einen niedrigen Cellulosegehalt von etwa 41,5% besitzt und daß höhere Werte allein durch das Vorhandensein der Zug-

[1]) Ein ausführlicher Bericht befindet sich im Institut für Forstwissenschaften Eberswalde, Bereich Rohholzforschung und Holzschutz, der Deutschen Akademie der Landwirtschaftswissenschaften zu Berlin.

holzlamelle (*G*-Schicht) hervorgerufen werden. Gegen diese These sprechen Beobachtungen, die darauf hinweisen, daß mit der Höhe am Stamm der Cellulosegehalt des Pappelholzes vielfach abnimmt, der Zugholzgehalt dagegen im allgemeinen zunimmt [3, 7, 8, 13, 14], und daß die Beziehungen zwischen Zugholz- und Cellulosegehalt von Sorte zu Sorte verschieden sein könnten [3].

Über die Beziehungen zwischen dem Zugholzgehalt und dem Cellulosegehalt des Pappelholzes suchten wir uns einen umfassenderen Überblick zu verschaffen, indem wir an 15-jährigen Stämmen von 14 verschiedenen Sorten aus dem Pappelsortenregister Waldsieversdorf[2]) Zugholz- und Cellulosegehalte bestimmten. Insbesondere interessierte hierbei die Frage des Anstiegs des Cellulosegehaltes bei zunehmendem Zugholzanteil.

2. *Versuchsanordnung und Ausführung*

Für jede Sorte wurden eine Anzahl Proben (7 bis 10) ausgesucht, deren Zugholzgehalte möglichst die ganze Breite des Zugholzvorkommens dieser Sorte erfaßte, und ihr Cellulosegehalt bestimmt. Das Probenmaterial umfaßte 33 Stammscheiben aus den Stammhöhen *a* (Basis), *b* (ca. $^1/_3$) und *c* (ca. $^2/_3$ der Stammhöhe) von 15 Stämmen, ferner 60 aus Stammscheiben in den Himmelsrichtungen N, O, S, W geschnittene Holzleisten von 15 Stämmen, insgesamt also 93 Originalproben. Diese Proben waren horizontal durchgesägt worden, so daß der eine der übereinanderliegenden Teile für die Zugholzbestimmung, der andere für die Cellulosebestimmung zur Verfügung stand. Als Zugholzgehalt wurde der prozentuale Anteil der Zugholzfasern an der Gesamtfaserzahl im Querschnitt der Holzprobe bestimmt. Über das Bestimmungsverfahren ist an anderer Stelle berichtet worden [7, 13].

Der Cellulosegehalt wurde nach einem von *P. Schorning* und *V. Jacopian* [11] modifizierten *Kürschner/Hoffer*-Verfahren bestimmt. Die von *V. Jacopian* und *H. Schönbach* [3] erwähnten Schwierigkeiten bei der Vorbereitung von zugholzhaltigem Pappelholz zur Analyse dürften von uns dadurch behoben sein, daß wir nach der Mahlung des Holzes eine erweiterte Mittelfraktion von 0,32 bis 1,25 mm Maschenweite zur Analyse verwandten und gegebenenfalls auf dem Obersieb flockig zurückbleibende Reste bis zur gewünschten Siebfeinheit mit einer Handkaffeemühle nachmahlten.

Aus den Originalwerten konnten durch Mittelbildung weitere 15 Stammscheiben-, 18 Stamm- und 8 Sorten-Mittelwerte errechnet werden, so daß im ganzen 134 Wertepaare von Cellulose- und Zugholzgehalt zur Auswertung kamen. Die Stamm-Mittelwerte wurden entsprechend dem verschiedenen Anteil der Stammhöhenabschnitte *a*, *b* und *c* an der Gesamtmasse des Stammes nach der Näherungsformel $St = (2a + 2b + c)/5$ errechnet.

3. *Analysenergebnisse*

Ordnet man die 134 Wertepaare Cellulose-% und Zugholz-%, getrennt für die Stammhöhen *a*, *b* und *c* und Stamm-Mittelwerte der einzelnen Sorten, nach steigendem Zugholzgehalt, so erhält man meist eine Zunahme des Cellulosegehaltes; doch zeigen sich auch unregelmäßige, z. T. sehr erhebliche Schwankungen des Cellulosegehaltes besonders im Bereich bis 32% Zugholzanteil. Bild 1 zeigt dieses Verhalten der Einzelwerte

[2]) Herrn Dr. habil. *H. F. Joachim* (Institut für Forstwissenschaften, Bereich Forstpflanzenzüchtung Graupa, Abt. Pappelforschung) danken wir für die freundliche Unterstützung bei Beschaffung des Versuchsmaterials.

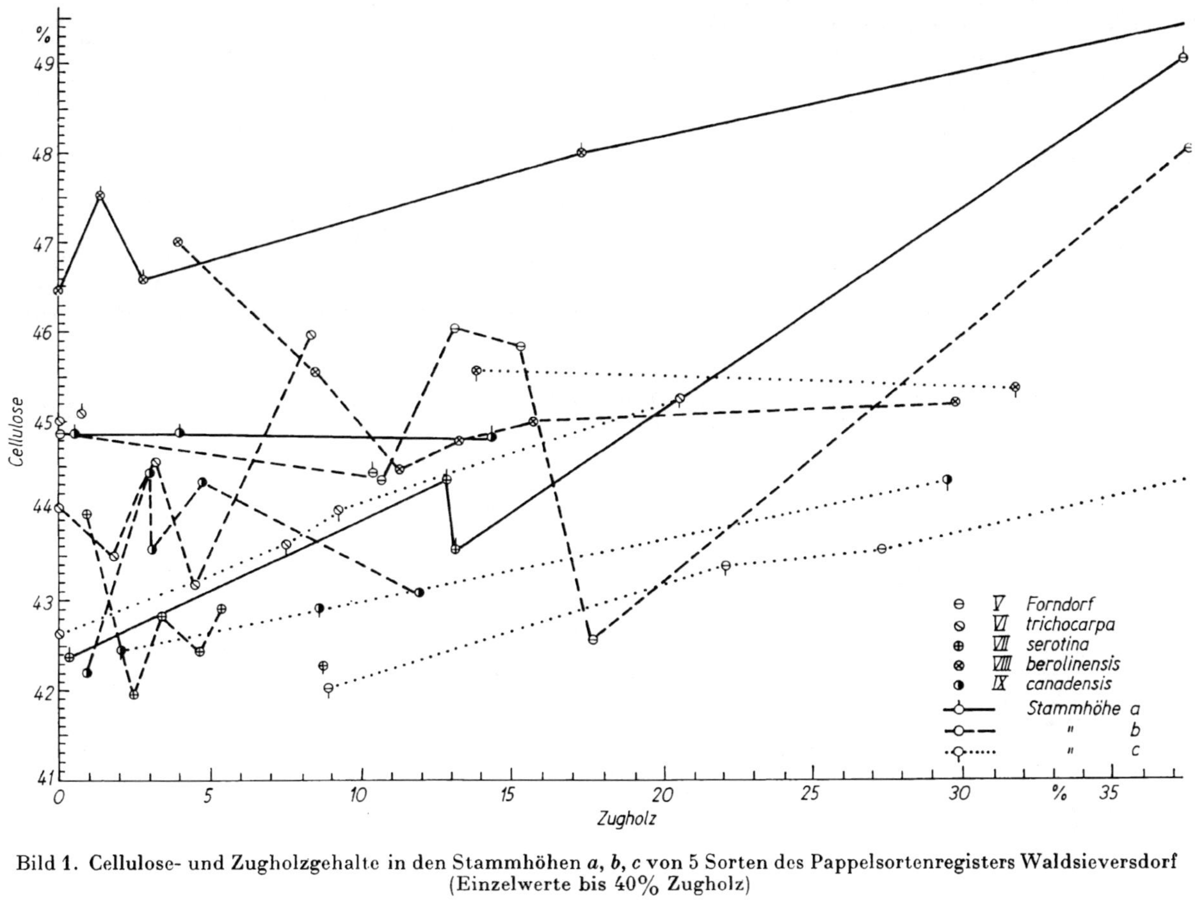

Bild 1. Cellulose- und Zugholzgehalte in den Stammhöhen *a*, *b*, *c* von 5 Sorten des Pappelsortenregisters Waldsieversdorf (Einzelwerte bis 40% Zugholz)

von fünf Sorten. Offenbar wird eine allgemein cellulosesteigernde Wirkung des Zugholzes von anderen Einflüssen in wechselvoller Weise überlagert.

Um eine Zufallsstreuung dieser Einflüsse auszuschalten und den Einfluß steigenden Zugholzgehaltes deutlicher hervortreten zu lassen, wurden die Cellulose- und Zugholzgehalte in den Zugholzstufen A (0 bis 10%), B (10 bis 30%), C (30 bis 55%) und D (über 55% Zugholzanteil) zusammengefaßt und gemittelt. Bild 2 zeigt das Ergebnis:

1. Die meisten Kurven für die einzelnen Stammhöhen der Sorten zeigen nunmehr bei steigendem Zugholzanteil einen mehr oder weniger gleichmäßigen Anstieg des Cellulosegehaltes. Beim Übergang von niedrigeren zu höheren Zugholzstufen nehmen in 27 (= 75%) von 36 Vergleichsfällen die Cellulosegehalte zu. In sieben Fällen ist eine geringe (<0,31%), in zwei Fällen eine größere (1,10 bis 1,54%) Abnahme des Cellulosegehaltes vorhanden. Bei Zunahme des Zugholzanteiles um mehr als 24% tritt in allen Fällen ein Anwachsen des Cellulosegehaltes ein.

2. Die Cellulosewerte der Stammhöhe *a* liegen im allgemeinen oberhalb, die der Stammhöhe *c* unterhalb des Kurvenverlaufes der Stammhöhe *b*. So nehmen innerhalb der gleichen Zugholzstufe mit steigender Höhe am Stamm die Cellulosegehalte in 29 (= 85,3%) von 34 Vergleichsfällen ab.

Die Gegenläufigkeit des Einflusses steigender Stammhöhe und steigenden Zugholzgehaltes auf den Cellulosegehalt bewirkt, daß bei gleicher Sorte mit abnehmender Stammhöhe und steigendem Zugholzanteil fast stets, in 18 (= 90%) von 20 Vergleichsfällen, der Cellulosegehalt zunimmt, daß aber Proben aus größerer Stammhöhe mit höherem Zugholzgehalt mitunter auch, in 20 (= 64,5%) von 31 Vergleichsfällen, niedrigere Cellulosegehalte haben als Proben der nächstniedrigeren Zugholzstufe aus niedrigerer Stammhöhe.

4. *Auswertung der Analysenergebnisse*

4.1. *Das zugholzfreie Normalholz der Sorten*

Da die Cellulosegehalte im Bereich von 0 bis 10% Zugholz in gleicher Stammhöhe einer Sorte bei ihren erheblichen Schwankungen keine eindeutige Zunahme zeigen, kann man die Mittelwerte des Cellulosegehaltes in den Zugholzgruppen A als die mittleren Cellulosegehalte des zugholzfreien Normalholzes der betreffenden Sorte in der betreffenden Stammhöhe ansehen. In der Tabelle 1 werden die mittleren Cellulosegehalte des zugholzfreien Normalholzes in der Stammhöhe *b* von 12 Sorten mit der Anzahl *n* der gemittelten Einzelwerte wiedergegeben. Diese Werte umfassen einen Bereich von 42,82 bis 47,41% Cellulose. Die Ergebnisse der Signifikanzprüfung mit der mittleren Streuung innerhalb der Sorten in Zugholzstufe A der Stammhöhe $b, s = 0{,}891\%$ (18 FG), gibt Tabelle 1 wieder. Für die Sorte p. serotina mit dem niedrigsten und die beiden Sorten p. berolinensis und p. geneva mit den höchsten Cellulosegehalten ergeben sich hoch bis ausreichend gesicherte Unterschiede gegeneinander und gegenüber vier bis sechs anderen Sorten, während für die neun Sorten mit Cellulosegehalten zwischen 43,37 und 44,90% untereinander keine signifikanten Unterschiede nachgewiesen werden.

4.2. *Die Veränderung des Cellulosegehaltes mit dem Zugholzanteil*

Wegen der Abhängigkeit des Cellulosegehaltes von Sorte und Höhe am Stamm darf man die Veränderungen des Cellulosegehaltes bei steigendem Zugholzanteil nur bei gleicher Sorte und in gleicher Stammhöhe bestimmen. Als zahlenmäßiger Ausdruck des Zugholzeinflusses wird die „Anstiegsrate" als Cellulose-%-Zunahme für 10% Zugholzzunahme definiert. Wie der Kurvenverlauf in Bild 2 erkennen läßt, stimmen die Anstiegsraten zwischen den Zugholzstufen vielfach überein, in einigen Fällen sind sie verschieden; sie sind überwiegend positiv, vereinzelt negativ. Ihre Variationsbreite reicht von −0,46 bis +2,05% Cellulose pro 10% Zugholz, wenn Zugholzdifferenzen zwischen den Zugholzstufenwerten unter 15% fortgelassen werden, bei denen Streuungen noch stark stören können. Inwieweit die verschiedenen Werte der Anstiegsraten für einzelne Sorten und Stammhöhen charakteristisch oder zufällig sind, soll nicht näher geprüft werden.

Die mittleren Anstiegsraten zwischen den Zugholzstufen B, (C)—A sind $= +0{,}81$ ($n = 6$), für die Zugholzstufen C—B $= +0{,}72$ ($n = 8$) und für die jeweils größten Zugholzdifferenzen der Kurven ($n = 15$)

Tabelle 1. Mittlerer Cellulosegehalt der Normalholzproben aus 1/3 Stammhöhe (b) von 12 Sorten des Pappelsortenregisters Waldsieversdorf mit Signifikanzprüfung der Unterschiede

Sorten				Rang		1	2	3	4	5	6	7	8	9	10	11	12
				Name		ser.	can.	reg.	bra.	tri.	Grau	mar.	Roc.	For.	Lei.	berolin.	geneva.
Rang	Nr.	Name	Sektion	Cell.-%	n	5	4	2	4	6	1	2	1	1	1	2	1
1	VII	serotina	S×S	42,82	5		○	○	○	+	○	+	○	+	+	$+^{+}+$	$+^{+}+$
2	IX	canadensis	S×S	43,37	4			○	○	○	○	○	○	○	○	++	$+^{+}+$
3	XII	regen.-D.	S×S	43,55	2				○	○	○	○	○	○	○	++	++
4	IV	brabantica	S×S	43,71	4					○	○	○	○	○	○	++	++
5	VI	trichocarpa	B	44,36	6						○	○	○	○	○	+	++
6	X	Graupa Sel.	S×S	44,57	1							○	○	○	○	○	+
7	XI	marilandica	S×S	44,72	2								○	○	○	○	+
8	I	Rochester	B×S	44,79	1									○	○	○	○
9	V	Forndorf	S×S	44,89	1										○	○	○
10	XIV	Leipzig	S×S	44,90	1											○	○
11	VIII	berolinensis	B×S	46,28	2												○
12	XV	geneva	B×BS	47,41	1												

Irrtumswahrscheinlichkeit *p*: ○ => 5%; + = 1 ··· 5%; ++ = 0,1 ··· 1%; $+^{+}+$ = < 0,1%

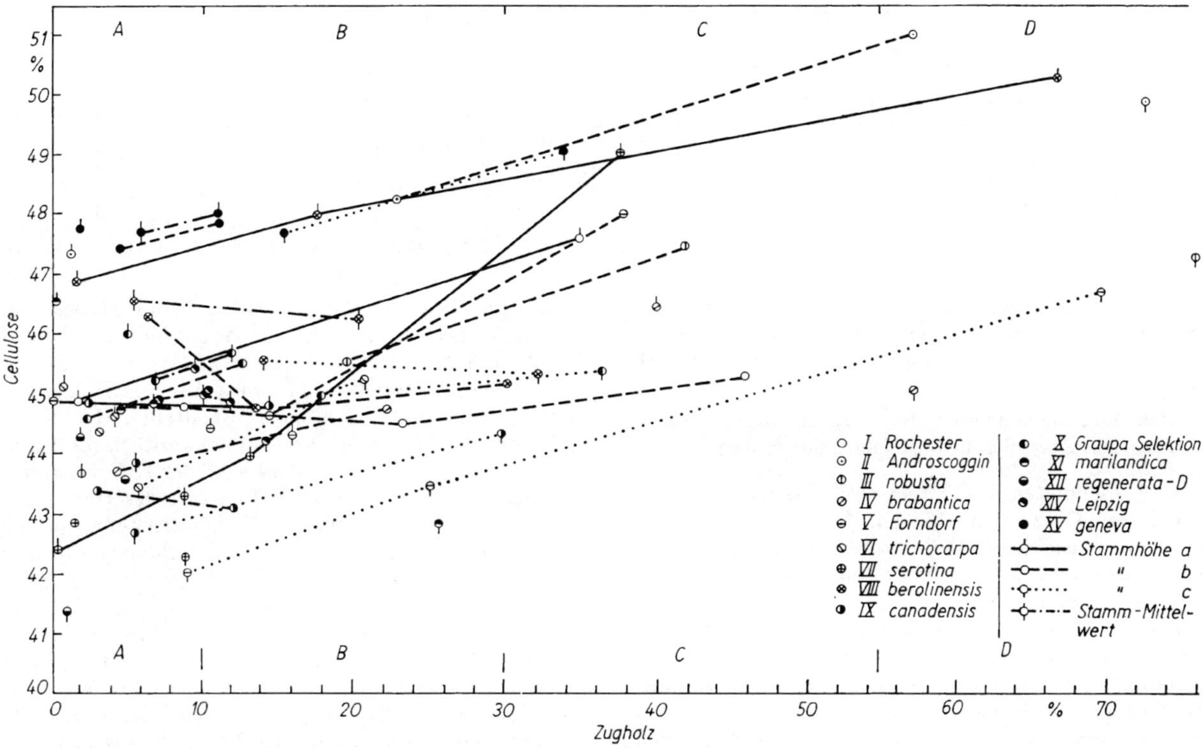

Bild 2. Mittelwerte der Cellulose- und Zugholzgehalte in den Zugholzstufen A (0 bis 10%), B (10 bis 30%), C (30 bis 55%), D (>55%) in den Stammhöhen *a*, *b* und *c* von 14 Sorten des Pappelsortenregisters Waldsieversdorf (15jährig)

= +0,62% Cell. pro 10% Zugh. Dieser letzte Wert stimmt gut überein mit der mittleren Anstiegsrate +0,66% Cell. pro 10% Zugh. (Variationsbreite +0,47 bis +0,82) für die fünf absolut größten Zugholzdifferenzen, die beim Vergleich der Zugholzstufen D mit A und B vorliegen. Der Wert +0,62% Cell. pro 10% Zugh. kann mithin als die mittlere Anstiegsrate des Cellulosegehaltes bei Erhöhung des Zugholzanteiles für alle Sorten und Stammhöhen angesehen werden.

4.3. Anteil des Zugholzes am mittleren Cellulosegehalt der Sorten

Für die Stammhöhen *a*, *b* und *c* und den Gesamtstamm sind die Sortenmittelwerte des Cellulosegehaltes an 83 Stämmen [9] und die Sortenmittelwerte des Zugholzgehaltes an 30 Stämmen [14] aus dem Waldsieversdorfer Pappelsortenregister bestimmt worden. Mit der Unsicherheit, die dadurch gegeben ist, daß die Proben der Cellulose- und Zugholzbestimmung nicht in allen Fällen identisch waren, lassen sich Hinweise auf eine unterschiedliche Bedeutung des Zugholzes für die Höhe des mittleren Cellulosegehaltes der Sorten ableiten.

Bei acht Sorten (p. serotina, regenerata-D, canadensis, Leipzig, trichocarpa, marilandica, Graupa-Sel. und brabantica), deren Durchschnittsholz weniger als 46% Cellulose aufwies, unterschieden sich Durchschnittsholz und Normalholzproben um weniger als −2,7 bis +5,2% Zugholz und um weniger als −0,72 bis +1,52% Cellulose. Bei diesen Sorten waren die relativ niedrigen bis mittelhohen Cellulosegehalte bei unbedeutendem Zugholzgehalt mithin vorwiegend durch den unterschiedlichen, jedoch allgemein niedrigen Cellulosegehalt des Normalholzes bedingt. Höhere Zugholzgehalte (um 12,6 bzw. 18,6%) gegenüber den Normalholzproben traten nur bei dem Durchschnittsholz von p. Forndorf und in Stammhöhe *a* von p. serotina auf. Diese Zugholzanteile bewirkten z. T. Erhöhungen des Cellulosegehaltes bis um +1,95%, ohne daß jedoch bei den niedrigen Ausgangswerten des Normalholzes die mittleren Cellulosegehalte über 44,3% erhöht wurden.

Die fünf Sorten mit einem Cellulosegehalt des Durchschnittsholzes über 46% verhielten sich verschieden. Wie die Tabelle 2 für die Stammhöhe *a* erkennen läßt, sind bei p. berolinensis und p. geneva die relativ hohen Cellulosegehalte des Durchschnittsholzes (47,19 bis 47,45%) auf ein cellulosereiches Normalholz bei fehlendem bzw. geringem Zugholzanteil zurückzuführen. Bei p. Rochester und p. robusta erklären sich die mehr oder weniger hohen mittleren Cellulosegehalte (48,47 bzw. 46,59%) aus einem beträchtlichen Zugholzanteil bei relativ niedrigem Cellulosegehalt des Normalholzes. Der höchste Wert des mittleren Cellulosegehaltes bei p. Androscoggin (50,24%) dürfte auf einem sehr hohen Cellulosegehalt des Normalholzes und einer zusätzlichen Erhöhung durch Zugholz beruhen.

Diese Andeutungen von Sorteneigentümlichkeiten des Cellulose- und Zugholzgehaltes bedürfen jedoch noch weiterer Prüfung.

5. Diskussion

5.1. Einfluß der Holzstrukturelemente auf den Cellulosegehalt

Die neben dem Einfluß des Zugholzes vorhandene Veränderlichkeit des Cellulosegehaltes mit der Sorte und der Höhe am Stamm und die zugleich erhebliche Streuung können verursacht sein:

Tabelle 2. Mittlerer Cellulosegehalt von Normalholzcellulose von 5 Sorten

Nr.	Sorte Nr.	Sorte Name		Durchschnittsholz D Cell.-%	(n)	Zugh.-%	(n)	Normalholz N Cell.-%	(n)	Zugh.-%	(n)	D − N Cell.-%	Zugh.-%
1	III	robusta	a	46,59	(16)	21,2	(3)	43,66	(1)	1,8	(1)	+2,93	+19,4
2	VIII	berolinensis	a	47,19	(3)	10,2	(2)	46,87	(3)	1,4	(3)	+0,32	+ 8,8
3	XV	geneva	a	47,45	(4)	1,5	(2)	47,75	(2)	1,5	(2)	−0,30	0,0
4	I	Rochester	a	48,47	(4)	19,2	(2)	44,87	(1)	1,6	(1)	+3,60	+17,6
5	II	Androscoggin	a	50,24	(4)	14,4	(2)	47,33	(1)	1,1	(1)	+2,91	+13,1

1. durch Verschiedenheiten der Stärke der G-Schichten, so daß die Cellulosemengen der G-Schichten nicht immer dem Anteil der Zugholzfasern proportional sind,
2. durch Verschiedenheiten der Zusammensetzung der nichtgelatinösen Strukturelemente des Holzes.

Verschiedenheiten des Cellulosegehaltes von zugholzfreiem Normalholz und die Fälle, in denen zugholzhaltige Proben einen niedrigeren Cellulosegehalt als Normalholzproben aufweisen, können allein durch die zweite Ursache erklärt werden.

Es wird versucht, die Verschiedenheit des Cellulosegehaltes des zugholzfreien Normalholzes der Waldsieversdorfer Sorten auf eine unterschiedliche Zusammensetzung des Holzes aus seinen Strukturelementen zurückzuführen. Von *R. Zenker* [2] sind von 14 Sorten die Sortenmittelwerte des Flächenanteiles des Fasergewebes, des Gefäßsystems, der Markstrahlzellen am Holzquerschnitt und die Breite der Gefäße und von 8 Sorten die Sortenmittelwerte der doppelten Wandstärke W und der Lumendurchmesser L der Holzfasern des Normalholzes mikroskopisch bestimmt worden. Zwischen diesen einzelnen Werten und der Höhe des Cellulosegehaltes des Normalholzes findet man keine Beziehung, wie es auch bei der Kompliziertheit der Holzstruktur zu erwarten ist. Unter vereinfachenden Annahmen über die Wandstärke der Gefäß- und Markstrahlzellen, die Größe der bei einigen Sorten nicht direkt bestimmten Werte W und L, ferner eines quadratischen Zellenquerschnittes und einer gleichen Packungsdichte der Faser-, Gefäß- und Markstrahlzellwände lassen sich die Masseanteile der Faser-, Gefäß- und Markstrahlzellwände abschätzen. Wie Tabelle 3 zeigt, besteht keine Beziehung zwischen den Cellulosegehalten und den Masseanteilen der Faserzellen des Normalholzes, obwohl bekanntlich die Faserzellen, die hier 81,5 bis 85,8 Masse% der Holzmasse ausmachen, den Hauptträger der Cellulose des Holzes darstellen. Dies läßt schließen, daß sich die Zellwände des Normalholzes der Sorten in ihrem Cellulosegehalt unterscheiden müssen.

Nimmt man mit *W. Klauditz* an, daß der Cellulosegehalt der Zellwände des Leit- und Nährgewebes 30% beträgt, so ergeben sich die in Tabelle 3 wiedergegebenen Cellulosegehalte der Faserzellwände zwischen 43,55 und 50,73%. Diese Werte zeigen eine deutliche Parallelität zu den Cellulosegehalten des Normalholzes. Die verschieden hohen Cellulosegehalte des Normalholzes einzelner Sorten sind mithin in erster Linie auf einen verschieden hohen Cellulosegehalt bzw. Lignifizierungsgrad der Faserwand zurückzuführen. Hierbei bleibt es offen, wieweit diese Verschiedenheit auf unterschiedliche Mengenverhältnisse der verschieden lignifizierten Zellwandschichten M, P, S_1, S_2 und S_3 oder auf Veränderungen in der chemischen Zusammensetzung dieser Strukturelemente zurückzuführen ist.

Es läßt sich zeigen, daß Veränderungen des Mengenverhältnisses der verschiedenen Zellsysteme der Faser-, Markstrahlzellen und Gefäße in den vorkommenden Grenzen relativ wenig zur Veränderung des Cellulosegehaltes beitragen. Aus denselben Gründen darf man

Tabelle 3. Gesamtcellulose und Cellulosegehalt der Faserzellwand des zugholzfreien Normalholzes der Sorten

1	2	3	4	5	6	7	8	9
Lfd. Nr.	Sorte Nr.	Sorte Bezeichnung	Sorte Sektion	Stamm-Höhe	Cellulose in Normalholz Masse%	n	Faserzellwand F Masse%	Cellulose in F Masse%
1	VII	serotina	S × S	*b*	42,82	5	83,60	43,55
2	IX	canadensis	S × S	*b*	43,37	4	81,50	46,40
3	XII	regenerata-D	S × S	*b*	43,55	2	83,60	46,22
4	III	robusta	S × S	*a*	43,66	1	83,65	46,33
5	IV	brabantica	S × S	*b*	43,71	4	84,75	46,17
6	X	Graupa Sel.	S × S	*b*	44,57	1	84,71	47,20
7	XI	marilandica	S × S	*b*	44,72	2	81,85	47,97
8	V	Forndorf	S × S	*b*	44,89	1	82,97	47,95
9	XIV	Leipzig	S × S	*b*	44,90	1	85,00	47,53
10	VI	trichocarpa	B	*b*	44,36	6	85,86	46,73
11	I	Rochester	B × S	*b*	44,79	1	82,91	47,83
12	VIII	berolinensis	B × S	*b*	46,28	2	84,24	49,31
13	II	Androscoggin	B × B	*a*	47,33	1	85,86	50,18
14	XV	geneva	B × BS	*b*	47,41	1	84,00	50,73

annehmen, daß auch die Veränderungen des Cellulosegehaltes mit der Höhe am Stamm sowie die z. T. erheblichen Schwankungen des Cellulosegehaltes bei gleicher Sorte, Stammhöhe und gleichem Zugholzanteil vornehmlich auf verschiedenem Cellulosegehalt (bzw. Lignifizierungsgrad) der Faserzellwände beruhen. Auf derartige Veränderungen ist u. a. von *R. Zenker* [13] und *T. E. Timell* u. Mitarb. [1, 12] bei den S_2-Schichten der Zugholzzellen hingewiesen worden, die im Vergleich zu den S_2-Schichten der Normalholzzellen stark reduziert und stärker lignifiziert sind, so daß das von der G-Schicht freie Zellwandsystem des Zugholzes einen kleineren Cellulose- und größeren Ligningehalt annehmen kann als im Normalholz.

5.2. *Prüfung der These von W. Klauditz*

Auf Grund seiner Untersuchungen z. B. an 4jährigen Stämmen von p. regenerata grandis [4, 10] und p. robusta [5], die unter Biegung aufgewachsen waren, stellte *W. Klauditz* die These auf, daß zugholzfreies Pappelholz in allen Fällen einen relativ niedrigen Cellulosegehalt von etwa 42,0% besitzt und daß höhere Cellulosegehalte auf die in der G-Schicht der Zugholzzellen eingelagerte Zugholzcellulose zurückzuführen sind. Nimmt man mit *W. Klauditz* an, daß bei der Einlagerung der G-Schichten die übrigen Zellwandelemente unverändert bleiben, berücksichtigt man ferner, daß *W. Klauditz* [4, 5, 10] für das in der Zugspannungszone gewachsene Holz einen Cellulosegehalt von ca. 60% fand, was einer Einlagerung von 47 Masse-Teilen Zugholzcellulose (G-Schicht) in 100 Masse-Teile Normalholz mit 42% Cellulosegehalt entspricht, und nimmt man an, daß in der Zugspannungszone 100% der Holzfasern in Zugholzfasern umgewandelt sind, so läßt sich im Sinne von *W. Klauditz* für einen Prozentanteil z an Zugholzfasern ein Sollwert des Cellulosegehaltes

$$c = \frac{4200 + 47 \cdot z}{10000 + 47 \cdot z} \cdot 100\%$$

errechnen.

Wie Tabelle 4 zeigt, stimmen bei nur 8 von 14 Sorten die experimentellen Sortenmittelwerte des Cellulosegehaltes (Stamm-Mittelwerte) mit den auf Grund des Zugholzanteiles berechneten Werten auf weniger als ±1% Cell. überein, während bei 6 Sorten größere Abweichungen bis −2,94 und +3,38% Cell. auftreten. Dabei beträgt die mittlere Differenz der experimentellen und berechneten Werte +0,353% Cell. In den Stammhöhen a und c geht die Übereinstimmung völlig verloren, da sich der Stammhöheneinfluß geltend macht und die experimentellen Werte in Stammhöhe a im Mittel um +2,04% größer, in Stammhöhe c im Mittel um −2,49% Cell. kleiner als berechnet sind.

5.3. *Vergleich mit einigen experimentellen Ergebnissen anderer Autoren*

Die von *W. Klauditz* für Normalholz einiger Sorten angegebenen Cellulosegehalte zwischen 40,5 und 43,5% stimmen mit unseren Werten nicht gut überein. Es läßt sich zeigen, daß sie auch nicht als Beweis eines allgemein niedrigen Cellulosegehaltes von etwa 42% bei jedem zugholzfreien Pappelholz angesehen werden können.

In guter Übereinstimmung mit unseren Ergebnissen stehen jedoch Untersuchungen von *V. Jacopian* und *H. Schönbach* [3], von denen für zugholzfreies Holz von p. berolinensis ein Cellulosegehalt von 46,27% ermittelt wurde, der mit unserem Werte 46,56% gut übereinstimmt, und die für Holz von p. brabantica mit 26% Zugholzanteil einen Cellulosegehalt von 44,72% fanden, der unter Berücksichtigung einer Anstiegsrate von +0,62% Cell. pro 10% Zugh. einem Werte von 43,11% Cell. für Normalholz entspricht und somit unserem Werte von 43,71% nahekommt. Auch aus ihren Werten läßt sich die Unregelmäßigkeit, z. T. Rückläufigkeit, der Cellulosezunahme bei steigendem Zugholzanteil erkennen. Ihre Untersuchungen an einem 19jährigen Aspenstamm zeigten für den Cellulosegehalt das gleiche Zusammenwirken von Zugholz und Stammhöheneinfluß wie unsere Untersuchungen an 14 verschiedenen Schwarz- und Balsampappelsorten.

Tabelle 4. Mittlere Cellulose- und Zugholzgehalte von Pappelsorten (Stamm-Mittelwerte) und Vergleich mit den nach W. Klauditz berechneten Werten

1	2	3		4		5	6
Nr.	Sorte Name	C Cellulose-% exper.	(n)	Z Zugholz-% exper.	(n)	c Cellulose-% berechnet	$C - c$ Cellulose-%
VI	trichocarpa	45,00	(3)	4,1	(2)	43,10	+1,90
XII	regenerata-D.	43,33	(4)	4,6	(2)	43,25	+0,08
IX	canadensis	43,80	(2)	5,2	(1)	43,40	+0,40
VII	serotina	43,29	(2)	5,9	(2)	43,58	−0,29
XI	marilandica	45,02	(9)	6,6	(2)	43,73	+1,29
XV	geneva	47,58	(4)	8,3	(2)	44,20	+3,38
X	Graupa Sel.	45,09	(10)	9,3	(2)	44,46	+0,63
XIV	Leipzig	44,94	(3)	10,7	(2)	44,78	+0,16
IV	brabantica	45,64	(3)	12,1	(2)	45,15	+0,49
VIII	berolinensis	46,30	(3)	12,8	(2)	45,30	+1,00
V	Forndorf	43,67	(3)	15,9	(2)	46,05	−2,38
I	Rochester	47,64	(4)	21,5	(2)	47,34	+0,30
II	Androscoggin	49,24	(4)	25,9	(3)	48,32	+0,92
III	robusta	46,29	(15)	30,3	(4)	49,23	−2,94
	Mittelwert						+0,353%

6. Zusammenfassung

1. An 134 Holzproben von 26 fünfzehnjährigen Stämmen von 14 Sorten aus dem Pappelsortenregister Waldsieversdorf wurden Cellulosegehalt und Zugholzfaseranteil bestimmt.

2. Die Cellulosegehalte des zugholzfreien Normalholzes verschiedener Sorten waren z. T. signifikant verschieden. In $^1/_3$ Stammhöhe (*b*) lagen sie zwischen 42,8 (p. serotina) und 47,41% Cellulose (p. geneva).

3. Holzproben der gleichen Sorte mit gleichem Zugholzgehalt aus steigender Höhe am Stamm hatten überwiegend abnehmende Cellulosegehalte.

4. Holzproben aus gleicher Stammhöhe der gleichen Sorte zeigten mit stark steigendem Zugholzanteil eine Zunahme des Cellulosegehaltes. Bei Zugholzdifferenzen unter 24% war der Anstieg des Cellulosegehaltes unregelmäßig, zuweilen auch negativ. Bei Mittelung der Einzelwerte jeweils in den Zugholzstufen: 0 — 10 — 30 — 55 — 85 % Zugholz war der Anstieg des Cellulosegehaltes gleichmäßiger und besaß bei Beschränkung auf Zugholzdifferenzen von mehr als 15% eine mittlere Anstiegsrate von +0,62% Cell. pro 10% Zugh. mit einer Variationsbreite von —0,46 bis +1,77.

5. Es ergaben sich Hinweise dafür, wieweit die mittleren Cellulosegehalte der Sorten auf hohe oder niedrige Cellulosegehalte des Normalholzes und auf etwaige größere Anteile an Zugholz zurückzuführen sind.

6. Als Ursachen der neben dem Zugholzeinfluß vorhandenen Veränderlichkeit des Cellulosegehaltes mit Sorten und Stammhöhen und der Streuung der Einzelproben wurden Unterschiede in der Zusammensetzung der Holzstrukturelemente, insbesondere chemische Veränderungen der nichtgelatinösen Faserzellwandelemente diskutiert.

7. Eine einheitliche Beziehung zwischen Cellulose- und Zugholzgehalt nach *W. Klauditz* erwies sich für Sortenmittelwerte nicht vorhanden. Es ergab sich Übereinstimmung unserer Ergebnisse mit einigen Befunden anderer Autoren.

Für die Vorbereitung der Holzproben und die Ausführung der chemischen Analysen danken wir Fräulein *E. Dittmann* und Frau *U. Rudolph*. Frau *T. Otto* und Frau *E. Krenzien* sei für die Durchführung der mikroskopischen Untersuchungen gedankt.

Literatur

[1] *Bentum, A. L. K., Côté jr., W. A., Day, A. C.*, und *Timell, T. E.*: Distribution of lignin in normal and tension wood. Wood Sci. and Technol. **3** (1969) S. 218—231.

[2] *Götze, H.*, und *Zenker, R.*: Institut für Forstwissenschaften der DAL in Eberswalde: Forschungsbericht 368001 v. 25. 11. 1968 „Untersuchung verwertungskennzeichnender Merkmale und Eigenschaften des Holzes (Pappel), insbesondere ihrer Spannweite und deren Ursachen, als Grundlage für eine Homogenisierung der Holzsortimente".

[3] *Jacopian, V.*, und *Schönbach, H.*: Zur Frage der Eignung des Pappelholzes für die Zellstoffindustrie. Zellstoff u. Papier **17** (1968) S. 131—135.

[4] *Klauditz, W.*, und *Stolley, J.*: Über die biologisch-mechanischen und technischen Eigenschaften des Zugholzes. Holzforschung **9** (1955) S. 5—10.

[5] *Klauditz, W.*: Zum Cellulose-Zugholzgehalt des Holzes von Pappeln. Holzforschung **11** (1957) S. 158—169.

[6] *Klauditz, W.*: Der Cellulosegehalt des Holzes von Pappelhybriden in seiner Beziehung zur Zellstoff- und Papierherstellung. Papier **16** (1962) S. 463—477.

[7] *Müller-Stoll, W. R.*, und *Zenker, R.*: Untersuchungen über Häufigkeit und Verteilung des Zugholzes in Pappel-Stämmen. Holz Roh- und Werkstoff **25** (1967) S. 245—254.

[8] *Patscheke, G., Kramer, W.*, und *Berger, S.*: Untersuchungen über die Verteilung des Zugholzes am Stamm und an Stockausschlägen der Pappel. Archiv für Forstwesen **10** (1961) S. 586—602.

[9] *Patscheke, G.*: unveröffentlicht.

[10] *Rünger, H. G.*, und *Klauditz, W.*: Über Beziehungen zwischen der chemischen Zusammensetzung und den Festigkeitseigenschaften des Stammholzes von Pappeln. Holzforschung **7** (1953) S. 43—58.

[11] *Schorning, P.*, und *Jacopian, V.*: Über eine modifizierte *Kürschner-Hoffer*-Methode zur Durchführung von Serienbestimmungen des Cellulosegehaltes in Hölzern (vornehmlich Pappelholz) und in Einjahrespflanzen. Faserforsch. u. Textiltechnik **7** (1956) S. 193 bis 199.

[12] *Timell, T. E.*: The chemical composition of tension wood. Svensk Papperstidn. **72** (1969) S. 173—181.

[13] *Zenker, R.*: Einfluß einiger anatomischer Eigenschaften des Pappelholzes auf die Rohdichte unter besonderer Berücksichtigung der Zugholzfasern. Faserforsch. u. Textiltechnik **16** (1965) S. 502—514.

[14] *Zenker, R.*: Untersuchungen über Zugholzanteil und Faserlänge im Stammholz verschiedener Pappelsorten. Faserforsch. u. Textiltechnik **19** (1968) S. 1—10.

Eingegangen am 23. April 1970

Untersuchungen zum Einfluß der Holzbeschaffenheit auf die Eigenschaften von im Labormaßstab nach dem Sulfitverfahren hergestellten Lärchentextilzellstoffen

Vazgen Jacopian, Burkart Philipp und Harry Schleicher

Deutsche Akademie der Wissenschaften zu Berlin, Institut für Faserstoff-Forschung in Teltow-Seehof

DK 674.032.475.342:674.038.15:676.1.022.16:661.728.6:581.4

Unter Verwendung je eines stark verkernten, druckholzfreien und eines unverkernten, reaktionsholzhaltigen Stammstückes von Larix decidua wurde der Einfluß von Basenart (Ca, Na), Druckholzanteil und Kernholzanteil auf die Qualitätskriterien (einschließlich des Viskosefilterwertes) von im Labormaßstab erkochten Textilzellstoffen untersucht.

К вопросу о влиянии свойств древесины лиственницы на качество сульфитной вискозной целлюлозы, полученной в лабораторных условиях

Изучено влияние вида основания (Ca, Na), содержания креневой древесины и ядра на качественные показатели (включая и фильтруемость вискозы) химической целлюлозы. Об'ектом исследования служила сульфитная целлюлоза, полученная в лабораторных условиях, на основе древесины лиственницы (Larix decidua) с различным содержанием ядра и креневой древесины.

Investigations on the Effect of Wood Properties on the Quality of Laboratory Scale Dissolving Larch Sulfite Pulp

Using a heavily cored log free of pressure wood and a core-free log containing reaction wood of the trunk of larix decidua the effects of alkali (Ca, Na) applied, amount of pressure wood and heart wood on the quality criteria (including the viscose filter value) of dissolving pulp obtained on laboratory scale has been investigated.

1. *Einführung*

Im Rahmen unserer systematischen Untersuchungen zum Einfluß des Reaktionsholzanteils verschiedener Faserhölzer auf Delignifizierung, Quellung und Lösung der Cellulose interessierten uns bei Lärche vor allem die hinsichtlich Holzzusammensetzung und -morphologie, Aufschlußverlauf und Zellstoffeigenschaften zwischen Normalholz und „Druckholz" (Reaktionsholz) auftretenden Unterschiede im Vergleich zu den durch die Anwesenheit von Kern- und Splintholz sowie von Früh- und Spätholz bedingten Differenzen. In früheren Veröffentlichungen unseres Instituts, die auch die einschlägige Literatur referierten, war diese Frage von der Seite der Holzanatomie [1] und der eines zweckmäßigen Rohstoffeinsatzes [2] angeschnitten und vor kurzem durch Kombination von Elektronenmikroskopie und chemischer Analytik für das Verhalten sehr kleiner Holzproben beim Sulfitaufschluß behandelt worden [3]. Ziel der folgenden Untersuchungen sollte es sein, anhand von Laborkochungen im Kilogramm-Maßstab diese Unterschiede zwischen Lärchen, Normal- und -Druckholz einerseits, Kern- und Splintholz andererseits über einen Sulfitaufschluß mit Calcium bzw. Natrium als Base und eine konventionelle Dreistufenbleiche bis zur Prüfviskosierung zu verfolgen.

2. *Versuchsmethodik*

Als *Ausgangsmaterial* diente Larix decidua, und zwar in Form eines zwölfjährigen noch unverkernten Stammstücks von 21 cm Durchmesser, das eine druckholzreiche gekrümmte Zone mit exzentrischem Zuwachs enthielt („Holzprobe A") und eines sechzigjährigen, weitgehend reaktionsholzfreien Stammes mit etwa 80% Kernholz („Holzprobe B").

Aus Scheiben des frischen, entrindeten Rundholzes wurden mit Normal- bzw. Druckholz oder Kern- bzw. Splintholz angereicherte Anteile in Form von Hackschnitzeln (40 × 30 × 3 mm) isoliert und diese ebenso wie Hackschnitzel von Proben des Gesamtholzes bei 50 °C im Umlufttrockenschrank getrocknet. Der Aufschluß erfolgte in einem 10-l-Autoklaven aus V4A-Stahl mit Umwälzpumpe entweder mit Calciumbisulfit (0,9% CaO, 6% Gesamt-SO_2, Flottenverhältnis 1 : 4,5 bzw. 1 : 6) oder mit Natriumbisulfit (1,04% Na_2O, 7% Gesamt-SO_2, Flottenverhältnis 1 : 4,5) nach folgendem Kochschema:

180 min Ankochen bis 105 °C,
240 min Stillstandszeit bei 105 °C,
120 min Hochkochen bis 145 °C,
60···90 min Fertigkochen bei 145 °C.

Zur Kochung des „Gesamtholzes" der Probe A wurden 1,2 kg atro Holz entsprechende Chargen in einen Siebeinsatz des Autoklaven gefüllt. Zum getrennten Aufschluß von Druck- und Normalholz bzw. Kern- und Splintholz wurde der Siebeinsatz mit einer Scheidewand aus Drahtnetz versehen und in jede der beiden Zellen jeweils eine 600-g-Charge der betreffenden Holzanteile gegeben, die so räumlich getrennt, aber unter identischen Kochbedingungen und mit derselben Charge Aufschlußflüssigkeit delignifiziert wurden.

Am Kocherstoff bestimmten wir Bruttoausbeute sowie nach Sortierung mit einem Laborsortiergerät der Fa. Wennbergs (Schweden) den Sortierverlust, die Kupferviskosität nach [4], die Permanganatzahl nach [5] sowie z. T. den Asche- und Extraktgehalt (Äthanol/Benzol 2 : 1).

Gebleicht wurde in drei Stufen nach folgendem Schema:

Chlorierung mit 60 bis 70% des Gesamtchlorbedarfs bei 4% Stoffdichte 60 min bei 20 °C,
alkalische Zwischenbehandlung mit 0,5%iger NaOH bei 4% Stoffdichte 60 min bei 70 °C,
Hypochloritstufe bei pH 10 mit 2 bis 3% Aktivchlor (auf Stoff bezogen) bei 37 bis 38 °C mit 4% Stoffdichte.

Nach Absäuern mit SO_2 erfolgte die Schlußwäsche mit dest. H_2O, um den Einfluß der Holzmorphologie auf den Viskosefilterwert nicht durch einen eventuellen Einfluß schädlicher Aschebestandteile zu überlagern. An den bei 50 °C getrockneten Blättern wurden die konventionellen Analysendaten und der R_v-Wert von nach dem klassischen Verfahren hergestellten Prüfviskosen [6] ermittelt.

3. *Versuchsergebnisse und ihre Auswertung*

Grundlage der folgenden Diskussion sind die in Tabelle 1 zusammengefaßten Kennwerte einiger Kocherstoffe und der zugehörigen gebleichten Stoffe. Nicht mit aufgeführt wurden die Aschegehalte der gebleichten Stoffe, die generell zwischen 0,05% und 0,10% lagen und somit keine wesentliche Beeinflussung des Filter-

Tabelle 1. Analysenwerte von Kocherstoffen und gebleichten Stoffen aus Larix decidua

Versuch Nr.	Holzprobe	Holzanteil	Base	Stoffdichte	Kocherstoff: Ausbeute %	Kocherstoff: Sortierrückstand %	Kocherstoff: Cu-Viskosität mP	Kocherstoff: Permanganatzahl	Gebleichter Stoff: Cu-Viskosität mP	Gebleichter Stoff: α-Cellulose %	Gebleichter Stoff: Pentosan %	Gebleichter Stoff: Extrakt %	R_v-Wert	Bemerkungen
I	A	Gesamtholz	CaO	1:4,5	40,5	5,6	146	54,8	117	90,0	2,7	0,3	539	
II	A		CaO	1:6	41,8	7,7	301	64,8	235	90,0	2,1	0,3	444	
III	A		Na_2O	1:4,5	40,8	1,0	361	26,7	169	89,6	0,9	0,3	705	
IV	A		Na_2O	1:6	40,9	0,6	525	47,6	219	88,4	1,6	0,3	552	
V	A	Normalholz	Na_2O	1:4,5	40,4	4,7	316	27,9	195	90,4	3,5	1,0	668	} gemeinsamer Aufschluß
VI	A	Druckholz	Na_2O	1:4,5	35,8	1,0	286	38,6	193	89,5	2,9	0,8	692	
VII	B	Kernholz	Na_2O	1:4,5	44,2	14,5	848	38,5	254	89,0	3,1	0,6	334	} gemeinsamer Aufschluß
VIII	B	Splintholz	Na_2O	1:4,5	43,8	2,2	708	21,9	229	90,2	3,1	0,6	532	
IX	B	Kernholz	Na_2O	1:4,5	43,0	8,8	343	22,8	182	89,9	2,1	0,7	551	} gemeinsamer Aufschluß
X	B	Splintholz	Na_2O	1:4,5	44,9	0,2	345	15,9	175	90,5	2,3	0,7	801	
XI	A	Gesamtholz	CaO	1:4,5	43,3	10,7	267	26,4	190	89,7	4,1	0,4	616	} gemeinsamer Aufschluß
XII	Fichte		CaO	1:4,5	46,1	4,7	302	22,1	193	89,8	2,3	0,7	664	

wertes erwarten lassen. Auffallend ist zunächst der im Vergleich zu Fichten- oder Buchenzellstoffen [7] viel größere Einfluß der Basenart auf die Kocherstoffqualität. Dieser Einfluß zeigt sich besonders deutlich in den vergleichsweise viel niedrigeren Sortierverlusten und Permanganatzahlen Na-basisch erkochter Stoffe im Vergleich zu den auf Ca-Basis hergestellten mit z. T. erheblich niedrigerer Kocherviskosität, kommt aber auch in einem niedrigerem Extrakt- und Aschegehalt der Kochungen III und IV gegenüber I und II zum Ausdruck. Auch die R_v-Werte liegen bei den beiden Na-Kochungen III und IV deutlich besser als bei den Versuchen I und II auf Ca-Basis, obwohl sie auch hier noch dem Niveau eines sehr guten Buchenzellstoffs entsprechen.

Orientierende Versuche mit unterschiedlich vorgetrocknetem Holz weisen darauf hin, daß der hohe Sortierverlust bei einer Calciumbisulfitkochung der Holzprobe A in erster Linie auf eine ungenügende bzw. ungleichmäßige Imprägnierung während der Ankochperiode zurückzuführen ist und durch Einhaltung eines bestimmten optimalen Feuchtegehaltes im Holz während der Kochung offenbar noch etwas gesenkt werden kann. Nur mit der unverkernten Holzprobe *A* lassen sich auf Ca-Basis überhaupt einwandfrei defibrierbare und bleichbare Stoffe gewinnen, während Kernholz von Holzprobe B mit Calciumbisulfit nicht aufgeschlossen werden konnte. Auf die Möglichkeit einer Schwarzkochung beim Calciumbisulfitaufschluß von Lärchenholz hatten bereits andere Autoren hingewiesen, wobei als Ursache die Ausfällung von Calciumsulfat und eine damit verbundene Herabsetzung des SO_2-Gehaltes durch die Inhaltsstoffe des Kernholzes (Arabogalactan, Taxifolin) neben einer ungenügenden Imprägnierung diskutiert wird [8, 9]. Im Vergleich zu den erheblichen Unterschieden, die wir bei unseren elektronenmikroskopischen Untersuchungen zum Aufschlußverlauf zwischen Normalholz und Druckholz vor allem im Spätholzanteil beobachtet hatten, differieren die Analysenwerte der fertig aufgeschlossenen Stoffe erstaunlich wenig. Dies gilt gleichermaßen für Na-basische (Versuch V und VI) und hier nicht im einzelnen aufgeführte Ca-basische Kochungen. Verständlicherweise liegen auf Grund des hohen Ligningehaltes im Ausgangsholz beim Druckholzzellstoff die Rohausbeute niedriger und die Permanganatzahl des Kocherstoffes deutlich höher als beim vergleichbaren Normalholzzellstoff, und es ist auch ein geringer, aber nach unserem insgesamt vorliegenden Material signifikanter Unterschied in den Kocherstoffviskositäten vorhanden. Bemerkenswert erscheint jedoch, daß beim Druckholzzellstoff weder ein signifikant höherer Sortierverlust auftritt — in dem in Tabelle 1 aufgeführten Beispiel lag er sogar niedriger als beim Normalholzzellstoff — noch eine Verschlechterung des Filtrationsverhaltens zu erkennen ist. Die bei Versuch V und VI erhaltenen Prüfviskosen entsprechen beide im R_v-Wert dem Filtrationsniveau mittlerer bis guter Fichtensulfitzellstoffe, und man darf nach unseren Ergebnissen wohl feststellen, daß die Anwesenheit von Reaktionsholz kein grundsätzliches Hindernis bei der Gewinnung von Textilzellstoffen aus Lärchenholz darstellt. Im Gegensatz dazu muß ein Kernholzanteil als ein recht entscheidender morphologisch-chemischer Faktor beim Sulfitaufschluß von Lärche angesehen werden. Mit Calciumbase ließ sich eine ausschließlich Kernholz enthaltende Charge der Holzprobe B überhaupt nicht aufschließen, und auch mit Na-bisulfit als Aufschlußmedium lag der Sortierverlust für beide hier eingestellten Viskositätsniveaus des Kocherstoffs beim Zellstoff aus Kernholz um etwa eine Zehnerpotenz höher als bei der aus Splintholz erkochten Probe, während die Unterschiede in Bruttoausbeute und Kocherstoffviskosität wie auch im α-Cellulosegehalt der gebleichten Stoffe gering sind. Das Filtrationsverhalten des Kernholzzellstoffs erweist sich eindeutig als schlechter gegenüber der aus Splintholz unter gleichen Bedingungen hergestellten Charge.

4. Zusammenfassung und Schlußfolgerungen

Trotz des wesentlich anderen chemisch-morphologischen Zellwandaufbaus bestätigt sich auch beim Druckholz der Lärche das von uns bereits für Zugholz der Pappel gewonnene Ergebnis, wonach ein Reaktionsholzanteil kein grundsätzliches Hindernis für die Gewinnung gut verarbeitbarer Textilzellstoffe nach dem Sulfitverfahren darstellt, obwohl der Aufschlußprozeß selbst im Hinblick auf morphologische Veränderungen in der Einzelzelle für Normalholz und Reaktionsholz recht unterschiedlich abläuft. Viel wichtiger als die An- oder Abwesenheit von Druckholz ist nach unseren Ergebnissen offensichtlich die Höhe des Kernholzanteils. Nach unseren Erfahrungen im Labormaßstab lassen sich nach dem Sulfitverfahren brauchbare Lärchentextilzellstoffe nur aus jungem, unverkerntem Holz in rationeller Weise gewinnen, wobei der Einsatz löslicher Basen gegenüber dem klassischen Calciumbisulfitprozeß vor allem im Hinblick auf die bessere Ausbeute an sortiertem Stoff unbedingt zu empfehlen ist. Eine gemeinsame Kochung von Fichte und Lärche auch nach dem Calciumbisulfitverfahren ist grundsätzlich möglich ohne merkliche Qualitätseinbuße hinsichtlich der konventionellen Analysendaten und des Filterwertes, jedoch unter Inkaufnahme eines mit dem Lärchenholzanteil zunehmenden Sortierverlustes.

Für die fleißige und gewissenhafte Durchführung der experimentellen Arbeiten danken wir Frau *Ursula Schneidereit* und Herrn *Klaus Schubert*.

Literatur

[1] *Casperson, G.:* Anatomische Untersuchungen am Lärchenholz (Larix decidua Miller). Faserforsch. u. Textiltechnik **19** (1968) S. 631—653.

[2] *Jacopian, V.*, und *Schönbach, H.:* Der Einsatz von Lärchenholz für die Herstellung von Zellstoff. Zellstoff u. Papier **14** (1965) S. 110—113.

[3] *Philipp, B.*, *Jacopian, V.*, und *Casperson, G.:* Chemische und morphologische Untersuchungen zum zeitlichen Verlauf eines Calciumbisulfitaufschlusses von Lärchenholz. Faserforsch. u. Textiltechnik **21** (1970) 4, S. 153—163.

[4] Vgl. TGL 8-2004.

[5] *Sieber, R.:* Die chemisch-technischen Untersuchungsmethoden der Zellstoff- und Papierindustrie. Berlin: Springer 1951, S. 432.

[6] *Philipp, B.*, *Lehmann, R.*, und *Schleicher, H.:* Über den Einfluß eines Celluloseabbaues auf Xanthatquellungsbild, Filterwert und Verlauf einer Emulsionsxanthogenierung. Faserforsch. u. Textiltechnik **11** (1960) S. 469—481.

[7] *Magister, G.:* Untersuchungen zur Herstellung hochwertiger Textilzellstoffe aus Buchenholz auf Basis Sulfitverfahren. Dissertation Techn. Univ. Dresden 1969.

[8] *Nevalainen, K.*, und *Hosia, M.:* The suitability of larch as fibre raw material. I. Larch and its properties. II. Larch as fibre raw material. Paperi ja Puu, Helsinki (Papier und Holz) **51** (1969) S. 433—438; S. 503—510.

[9] *Sanyer, N.*, und *Keller, E. L.:* Sulfite pulping of Douglas Fir Heartwood by two-stage processes using sodium, magnesium and magnesium-ammonium bases. Tappi, New York **48** (1965) S. 545—552.

Eingegangen am 11. April 1970

Lichtstreuung an mäßig konzentrierten Polystyrollösungen

Teil II: Einfluß der Präparationsbedingungen[1])

Herbert Dautzenberg

Deutsche Akademie der Wissenschaften zu Berlin, Institut für Faserstoff-Forschung in Teltow-Seehof

DK 678.746.222:541.24:541.8:535.36:539.2

Da bei der Untersuchung von Polystyrollösungen im Konzentrationsbereich bis zu 1% festgestellt wurde, daß die Streuintensität der Lösungen von den Präparationsbedingungen abhängt, wurden die Streukurven von unterschiedlich zentrifugierten Lösungen einer Polystyrolfraktion mit der relativen Molekülmasse von $7{,}1 \cdot 10^6$ in Abhängigkeit von der Konzentration aufgenommen. Dabei zeigte sich, daß eine Erhöhung der Dauer und der Umdrehungszahl des Zentrifugierens zu einer Homogenisierung der Struktur in der Lösung führt.

Светорассеяние растворами полистирола умеренной концентрации

Часть II. Влияние условий подготовки растворов

Как показали соответствующие исследования, интенсивность светорассеяния растворами полистирола в области концентрации до 1% зависит от условий подготовки растворов. Поэтому в зависимости от концентрации были сняты кривые рассеяния растворами фракции полистирола (молекулярный вес $7{,}1 \cdot 10^6$), подвергнутых центрифугированию в различных условиях. При этом установлено, что увеличение продолжительности и числа оборотов при центрифугировании приводит к гомогенизации структуры в растворе.

Light Scattering in Moderately Concentrated Solutions of Polystyrene

Part II. Effect of the Preparation Conditions

As the scattering intensity of polystyrene solutions in the range of concentration up to 1% was found to be affected by the preparation conditions, the scattering pattern of centrifugated solutions of a polystyrene fraction having the molecular weight of $7.1 \cdot 10^6$ has been traced in dependence on concentration. An increase in centrifugation time and speed of rotation resulted in homogenisation of the structure in the solution.

1. Einleitung

In der vorangegangenen Veröffentlichung „Lichtstreuung an mäßig konzentrierten Polystyrollösungen. Teil I" [1] wurde der Einfluß der relativen Molekülmasse auf das Streuverhalten bei höheren Konzentrationen untersucht. Die Messungen an Polystyrolfraktionen mit relativen Molekülmassen zwischen 1,3 und $7{,}1 \cdot 10^6$ zeigten, daß sich die Ergebnisse bis zu Konzentrationen von 0,55 (niedrigste Fraktion) bzw. 0,35 g/100 ml (höchste Fraktion) mit der in der Literatur [2, 3, 4] bekannten Theorie beschreiben lassen. Danach erhält man für die Streufunktion unter der Voraus-

[1]) Teil I s. [1].

setzung der freien Orientierbarkeit der Moleküle und einer radialen Verteilungsfunktion für die Molekülschwerpunkte, die der Theorie realer Gase entspricht, den Ausdruck:

$$I(\vartheta, c) = K \cdot cM \left\{ P(\vartheta, c) - R(\vartheta, c)\, Q(\vartheta, c) \left(1 - \frac{1}{M} \left[\frac{1}{M} + 2A_2 c + 3A_3 c^2 + \cdots \right]^{-1} \right) \right\} \quad (1)$$

mit ϑ = Streuwinkel, K = Konstante, die die optischen Kenngrößen des Systems enthält, c = Konzentration, M = relative Molekülmasse, A_2, A_3 = Virialkoeffizienten, $P(\vartheta, c), R(\vartheta, c), Q(\vartheta, c)$ = Funktionen, die die inner- und zwischenmolekularen Interferenzen erfassen und für $\vartheta = 0$ auf 1 normiert sind (s. [1, 4]). Für $\vartheta = 0$ folgt aus (1) exakt die für kleine Moleküle nach der Schwankungstheorie berechnete Gleichung:

$$\frac{Kc}{I(0, c)} = \frac{1}{M} + 2A_2 c + 3A_3 c^2 + \cdots \quad (2)$$

Das Maximum der Streuintensität für $\vartheta = 0$ ist damit durch die Bedingung

$$\frac{1}{M} - 3A_3 c_{\max}^2 - 8A_4 c_{\max}^3 - \cdots = 0 \quad (3)$$

gegeben, d. h. bei Vernachlässigung der Glieder höherer Ordnung in c durch

$$c_{\max} = \sqrt{\frac{1}{3MA_3}}. \quad (4)$$

In der Arbeit [1] wurden von uns für vier Polystyrolfraktionen der zweite und dritte Virialkoeffizient durch Synthetisieren der Streufunktionen nach Gleichung (2) und der dritte Virialkoeffizient aus der Maximumbedingung bestimmt. Dabei zeigte sich, daß die Werte von A_3 für die niedrigen Fraktionen gut übereinstimmen, während für die Probe mit der größten relativen Molekülmasse eine beträchtliche Differenz auftritt. Die Vermutung lag nahe, daß man bei dieser hochmolekularen Probe schon bei relativ niedrigen Konzentrationen in Bereiche kommt, in denen die Voraussetzungen zur Ableitung der Gleichung (1) nicht mehr erfüllt sind. Eine Abschätzung der Packungsdichte zeigt, daß schon bei einer Konzentration von 0,032 g/100 ml (für g/100 ml wird im weiteren die Bezeichnung % verwendet) das gesamte Lösungsvolumen durch die von den Knäueln im isolierten Zustand eingenommenen Volumina ausgefüllt wird. Da die Bestimmung der Gyrationsradien eine geringe Kompression der Knäuel ergab, müssen bei Konzentrationen bis zu ein Prozent die Knäuel sich gegenseitig stark durchdringen, was die freie Orientierbarkeit der Moleküle gegeneinander und die Anwendung der Theorie realer Gase für die Verteilungsfunktion der Molekülschwerpunkte in Frage stellt. In Übereinstimmung damit wurde für alle untersuchten Proben bei höheren Konzentrationen ein von Gleichung (2) abweichendes Verhalten und eine Krümmung der Kurven Kc/I über $\sin^2 \vartheta/2$ gefunden. Diese Effekte waren bei der Fraktion P_4 mit $M = 7{,}1 \cdot 10^6$ am stärksten ausgeprägt. Von Interesse war nun die Frage, ob die Präparationsbedingungen der Lösungen einen Einfluß auf diese Effekte, d. h. auf die in der Lösung bei höherer Konzentration vorliegende Struktur besitzen. Zur Klärung dieser Frage wurden von uns unterschiedlich zentrifugierte Lösungen der Fraktion P_4 untersucht.

2. *Experimentelle Untersuchungen*

2.1. *Präparation der Lösungen*

Von der Polystyrolfraktion P_4 wurde eine 1%ige Stammlösung in Benzol hergestellt. Von dieser Lösung wurden jeweils 25 ml 2 h bei 15000 U/min (Lösung 1), 2 h bei 10000 U/min (Lösung 2) und 1 h bei 10000 U/min (Lösung 3) zentrifugiert. Außerdem wurde noch eine 2%ige Lösung 1 h bei 15000 U/min (Lösung 4) zentrifugiert. Unmittelbar nach dem Zentrifugieren wurden 15 ml Lösung mit staubfreien Pipetten in die Meßküvetten gefüllt. Beim Zentrifugieren waren die Küvetten mit TEFLON-Deckeln verschlossen. Die trotzdem noch auftretenden geringen Konzentrationsänderungen durch Eindampfen berücksichtigten wir durch Wägung und Korrektur. Zusätzlich wurde mit Hilfe eines *Brice/Phönix*-Differentialrefraktometers kontrolliert, ob eine Konzentrationsänderung durch Abtrenneffekte auftrat. Dies war innerhalb der Meßgenauigkeit des Differentialrefraktometers (1%) nicht der Fall. Die Verdünnungsreihen wurden in den Meßküvetten hergestellt. Nach dem Zugeben des Lösungsmittels standen die Lösungen jeweils 24 h, so daß sich eine echte Durchmischung einstellen konnte. Für die Reinheit der Lösungen spricht, daß man beim Betrachten der Meßküvetten durch das Beobachtungsfenster eine völlig homogen leuchtende Fläche sah.

2.2. *Durchführung der Messungen*

Die Messungen wurden mit dem Streulichtphotometer Sofica bei $\lambda = 546$ nm und unpolarisiertem Licht im Winkelbereich 30° bis 150° durchgeführt. Die Meßwerte registrierten wir in Schritten von 5°, um die bei höheren Konzentrationen auftretende Krümmung der Kurven genau zu erfassen. Die Küvetten wurden während der Messungen auf 20 °C ± 0,2 grd temperiert. Für R_{Benzol} benutzten wir den Wert $16{,}3 \cdot 10^{-6}$ und für das Brechungsinkrement den Wert $\partial n/\partial c = 0{,}110$ cm³/g [5], den wir auch durch Messungen mit einem *Brice/Phönix*-Differentialrefraktometer bestimmten.

3. *Meßergebnisse und Diskussion*

Die Auswertung der Meßergebnisse erfolgte zunächst durch Auftragen der Funktionen Kc/I über $\sin^2 \vartheta/2$ (Bild 1 bis 4). Wie aus den Abbildungen ersichtlich ist, findet man für alle Proben bei niedrigen Konzentrationen einen annähernd geradlinigen Verlauf der Kc/I-Kurven, wobei die geringe Krümmung der Kurven bei großen Winkeln wahrscheinlich auf die verbleibende Polydispersität der Polystyrolfraktion zurückzuführen ist. In dem Konzentrationsbereich unter 0,15% stimmen auch die auf $\vartheta = 0$ extrapolierten Kc/I-Werte für alle Proben innerhalb der Meßgenauigkeit von ± 3% überein (s. Bild 5). Dieses Ergebnis ist in dreierlei Hinsicht wichtig. Da die Konzentrationsreihen durch fortlaufende Verdünnung der zentrifugierten Stammlösung hergestellt wurden, beweist es erstens, daß die Lösungen wirklich staubfrei waren und die bei höheren Konzentrationen auftretenden Krümmungen der Kurven Kc/I im Bereich kleiner Winkel nicht auf Verunreinigungen beruhen. Zweitens schließt es Meßfehler durch schlechte Durchmischung der Proben bei Zugabe von Lösungsmittel aus, da sonst das wiederholte Abnehmen von Lösung und Zugeben von Lösungsmittel zu einer mit steigender Verdünnung zunehmenden Verfälschung der Konzentrationswerte führen müßte. Drittens zeigt es, daß die bei höheren Konzentrationen auftretenden Effekte nicht durch stabile Inhomogenitäten, z. B. Gelteilchen, bedingt sind.

Bei Konzentrationen oberhalb 0,15% trennen sich die Kc/I_0-Kurven auf. Dabei liegen die Kc/I_0-Werte um so höher, je besser die „Güte“ des Zentrifugierens ist (Zentrifugierungsdauer, Umdrehungen pro Minute), d. h., bei zunehmendem Zentrifugieren erniedrigen sich die Streuintensitäten. Dieser Effekt deutet auf eine

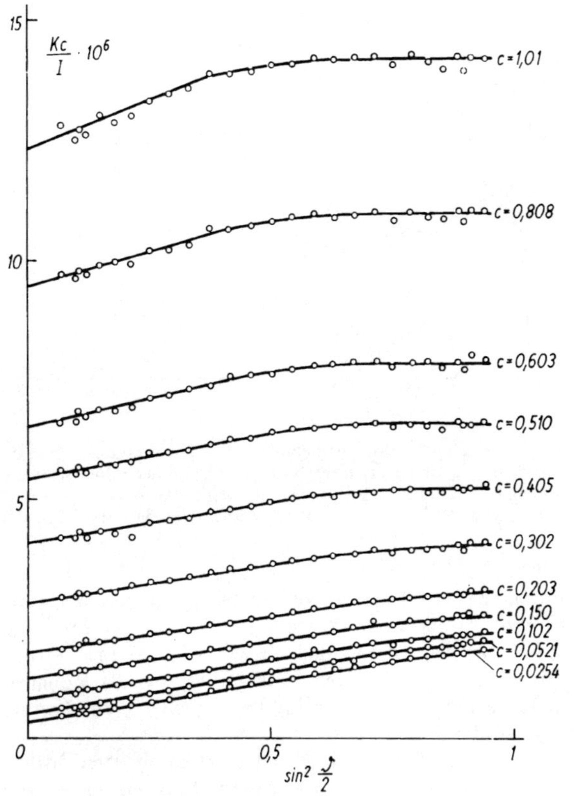

Bild 1. Streufunktionen Kc/I über $\sin^2 \vartheta/2$ für Lösung 1

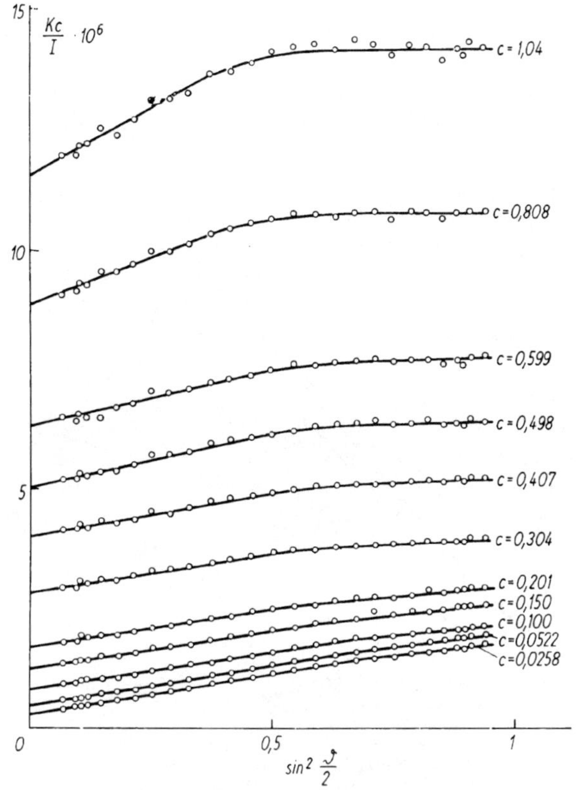

Bild 2. Streufunktionen Kc/I über $\sin^2 \vartheta/2$ für Lösung 2

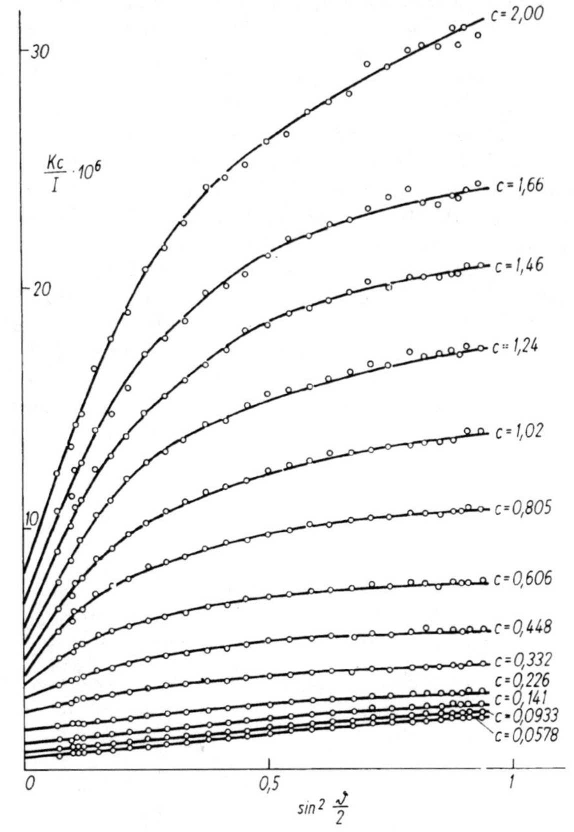

Bild 3. Streufunktionen Kc/I über $\sin^2 \vartheta/2$ für Lösung 3

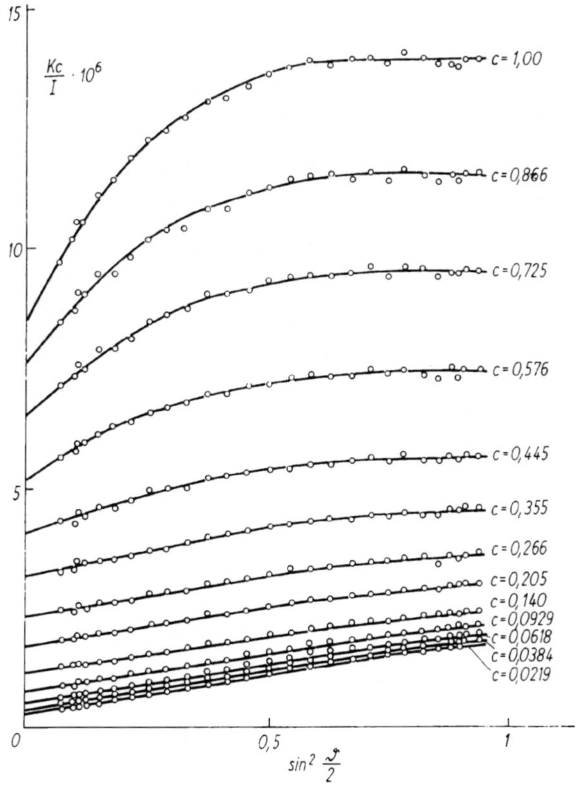

Bild 4. Streufunktionen Kc/I über $\sin^2 \vartheta/2$ für Lösung 4

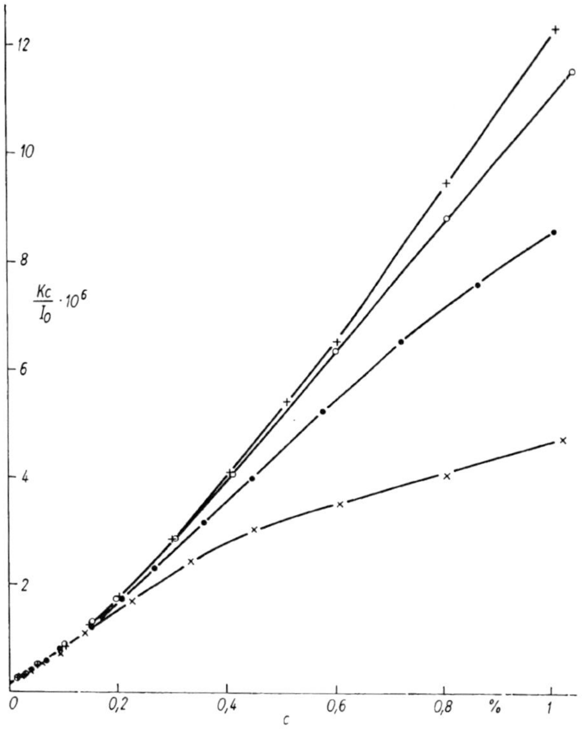

Bild 5. Konzentrationsabhängigkeit der auf $\vartheta = 0$ extrapolierten Werte Kc/I_0 für alle untersuchten Lösungen + — Lösung 1, ∘ — Lösung 2, • — Lösung 3, × — Lösung 4

Homogenisierung der Struktur der Lösung im Bereich höherer Konzentrationen beim Zentrifugieren hin. Besonders hohe Streuintensitäten findet man bei der 2%igen Ausgangslösung, was wahrscheinlich auf eine Behinderung der Homogenisierung durch die hohe Viskosität und Packungsdichte der Moleküle in der Lösung zurückzuführen ist.

Bemerkenswert ist, daß die Differenzen zwischen der 2 h bei 10000 U/min und der 2 h bei 15000 U/min zentrifugierten Lösung nur gering sind, was auf das Erreichen eines Endzustandes hindeutet.

Aus den Kurven in Bild 5 haben wir nach dem in Arbeit [1] beschriebenen Verfahren durch Synthetisieren der Streukurven entsprechend Gleichung (2) die relative Molekülmasse und die zweiten und dritten Virialkoeffizienten bestimmt. Die gefundenen Werte sind in Tabelle 1 zusammengestellt. Wie zu erwarten ist,

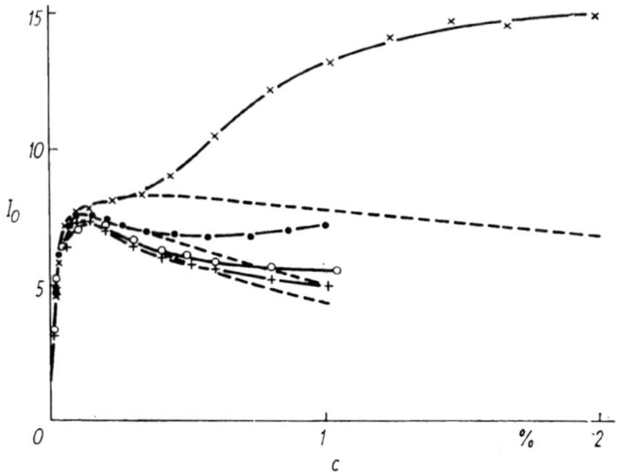

Bild 6. Vergleich der experimentell gemessenen Streuintensitäten I_0 mit den nach Gleichung (2) synthetisierten. Ausgezogene Kurve — gemessen, gestrichelte Kurve — nach Gleichung (2) bestimmt. Bezeichnungen wie in Bild 5.

stimmen die aus den Meßwerten bei niedrigen Konzentrationen ermittelten Werte für M und A_2 für alle Proben überein, während man für die dritten Virialkoeffizienten, auf die der Kurvenverlauf bei höheren Konzentrationen einen Einfluß hat, beträchtliche Unterschiede findet.

In Bild 6 sind die auf $\vartheta = 0$ extrapolierten Intensitäten I_0 und die theoretischen Kurven über die Konzentration aufgetragen. Aus dem Intensitätsmaximum wurde nach Gleichung (4) ebenfalls der dritte Virialkoeffizient ermittelt, der in der Tabelle mit angegeben ist. Ein Vergleich der unterschiedlich bestimmten A_3-Werte zeigt, daß man bei den länger zentrifugierten Proben eine gute Übereinstimmung findet und der Wert 2,3 bis $2{,}4 \cdot 10^{-6}$ $[100 \text{ ml/g}]^2$ für A_3 als richtig anzusehen ist. Diesem Ergebnis entspricht auch, daß der Verlauf der experimentellen und der nach Gleichung (2) synthetisierten Kurven sehr gut übereinstimmt. Bei der Kurve 1 treten merkliche Abweichungen erst bei Konzentrationen oberhalb 0,6% auf, während die Übereinstimmung bei Kurve 2 nur bis zu 0,5% gut ist. Bei den anderen Proben sind die Differenzen beträchtlich größer. So läßt sich der Verlauf von Kurve 3 nur bis 0,4% gut durch Gleichung (2) beschreiben, und in der experimentellen Kurve 4 (2%ige Ausgangslösung) deutet sich die Ausprägung eines Maximums nur noch an. Dementsprechend weichen auch die für Kurve 3 auf unterschiedliche Art be-

Tabelle 1. Relative Molekülmasse und Virialkoeffizienten

Probe	Präparationsbedingungen	$M \cdot 10^{-6}$	$A_2 \cdot 10^6$ 100 ml/g	$A_3 \cdot 10^6$ (100 ml/g)^2	A_3 aus c_{max}
Lösung 1	1%ige Ausgangslösung 2 h bei 15000 U/min zentrifugiert	7,1	3,3	2,3	2,4
Lösung 2	1%ige Ausgangslösung 2 h bei 10000 U/min zentrifugiert	7,1	3,3	2,3	2,4
Lösung 3	1%ige Ausgangslösung 1 h bei 10000 U/min zentrifugiert	7,1	3,3	1,8	2,5
Lösung 4	2%ige Ausgangslösung 1 h bei 15000 U/min zentrifugiert	7,1	3,3	1,2	kein Maximum

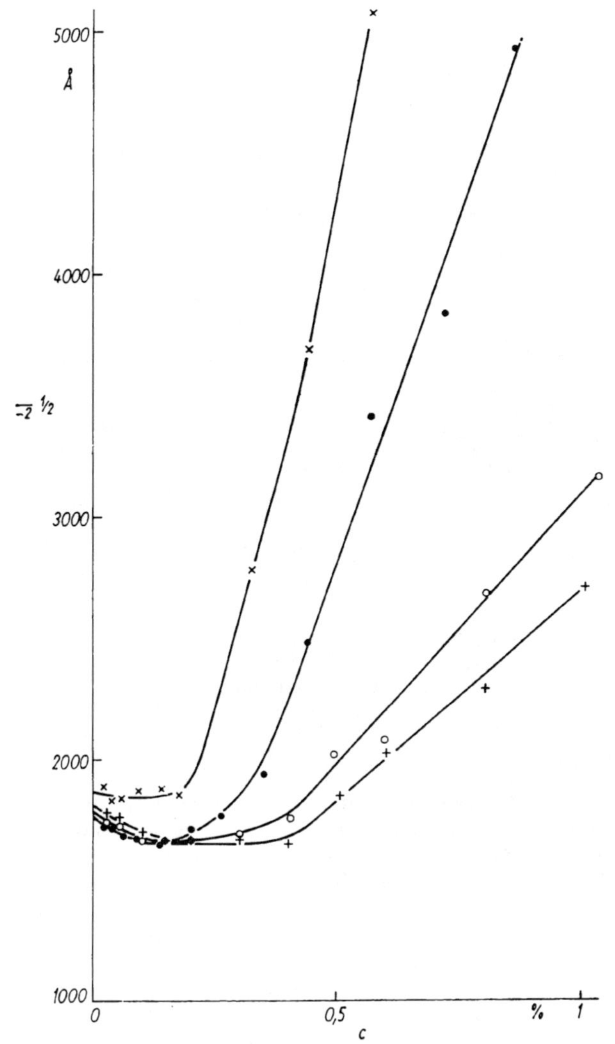

Bild 7. Konzentrationsabhängigkeit der mittleren Gyrationsradien. Bezeichnungen wie in Bild 5

stimmten dritten Virialkoeffizienten stark voneinander ab, wobei der aus dem Maximum ermittelte Wert besser liegt. Aus Kurve 4 ist eine sinnvolle Bestimmung von A_3 praktisch nicht mehr möglich.

Zusammenfassend kann man sagen, daß die Betrachtung der auf $\vartheta = 0$ extrapolierten Streuintensitäten zeigt, daß sich das Streuverhalten bei niedrigen Konzentrationen gut durch Gleichung (2) beschreiben läßt. Je stärker die Lösungen zentrifugiert werden, um so größer ist der Konzentrationsbereich, in dem man eine gute Übereinstimmung findet. In diesem Bereich ist eine Bestimmung der Größen M, A_2 und A_3 möglich.

Völlig in Einklang mit diesen Ergebnissen steht der Verlauf der Streukurven $Kc/I = f(\sin^2 \vartheta/2)$. Die im Bereich höherer Konzentrationen bei kleinen Winkeln auftretende Krümmung der Kurven prägt sich um so stärker und früher aus, je schlechter die Güte des Zentrifugierens ist. Aus den Bildern 1 bis 4 wurden die Anfangsanstiege der Streukurven bei $\vartheta = 0$ entnommen und daraus die mittleren Gyrationsradien bestimmt, die in Bild 7 in Abhängigkeit von der Konzentration dargestellt sind. Hierbei zeigt sich, daß bei niedrigen Konzentrationen mit zunehmender Konzentration zunächst eine Abnahme der Gyrationsradien, d. h. eine Kompression der Moleküle eintritt, die infolge der Zunahme der Packungsdichte der Moleküle in der Lösung äußerst plausibel ist. Bei Überschreiten einer kritischen Konzentration steigen die Werte für die Gyrationsradien jedoch steil an. Unserer Meinung nach tritt in diesem Bereich ein Übergang von einer molekularen Lösung zu einer Netzstruktur auf. Das Einsetzen des Überganges und die bei höheren Konzentrationen vorliegende Netzstruktur hängen von den Präparationsbedingungen ab. So findet man eine merkliche Zunahme des Anfangsanstiegs für die Lösung 1 bei $c > 0{,}4\%$, für die Lösung 2 bei $c > 0{,}3\%$ und für die Lösungen 3 und 4 bei $c > 0{,}2\%$, wobei diese Zunahme bei den stärker zentrifugierten Lösungen wesentlich schwächer ist.

Interessante Aufschlüsse liefert auch das Verhalten der Streufunktionen bei großen Winkeln. Von uns wurden aus den Bildern 1 bis 4 die asymptotischen Anstiege entnommen und über c aufgetragen (s. Bild 8). Dabei zeigt sich deutlich, daß für die von der 1%igen Ausgangslösung hergestellten Lösungen der asymptotische Anstieg mit zunehmender Konzentration gegen Null strebt, wobei der Kurvenverlauf für alle drei Proben qualitativ der gleiche ist. Dieses Verhalten deutet ebenfalls auf die Ausbildung einer homogenen Netzstruktur bei höheren Konzentrationen hin. Bei der Betrachtung der Bilder 1 und 2 sieht man, daß bei Konzentrationen oberhalb 0,6% die Streuintensität für Winkel größer als 100° praktisch unabhängig vom Winkel wird. Man könnte den gesamten Streukurvenverlauf durch Überlagerung der Streuung eines homogenen Netzwerkes mit dem Streubeitrag eingelagerter größerer Inhomogenitäten erklären, die den Intensitätsanstieg bei kleinen Winkeln bedingen. Je stärker die Lösungen zentrifugiert werden, desto kleiner ist der Beitrag der Inhomogenitäten.

Einen wesentlich anderen Verlauf zeigt der asymptotische Anstieg der 2%igen Ausgangslösung. Hier findet man mit zunehmender Konzentration zunächst eben-

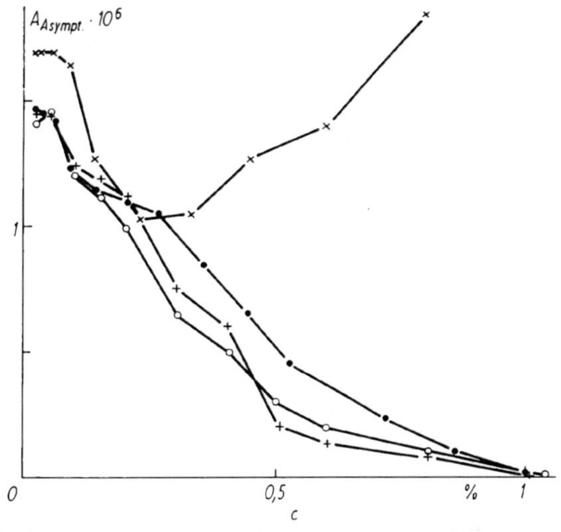

Bild 8. Konzentrationsabhängigkeit der asymptotischen Anstiege. Bezeichnungen wie in Bild 5

falls eine Abnahme der Werte, bei Konzentrationen oberhalb 0,3% steigt er jedoch stetig wieder an. Das bedeutet, daß die 2%ige Lösung auch nach dem Zentrifugieren wesentlich stärkere Inhomogenitäten enthält, was mit dem Verhalten der Kc/I-Werte und der Anfangsanstiege übereinstimmt.

Wir möchten darauf hinweisen, daß in Arbeit [4] ebenfalls eine Abnahme des asymptotischen Anstieges für das System Polystyrol/Benzol mit steigender Konzentration gefunden wurde, wobei diese Abnahme jedoch wesentlich geringer war und der asymptotische Anstieg gegen einen endlichen Grenzwert strebte. Dieses abweichende Verhalten ist unserer Meinung nach auf die in Arbeit [4] verwendete unterschiedliche Präparation der Lösungen zurückzuführen. Die höheren Konzentrationen wurden dort durch Eindampfen hergestellt.

Bedenkt man, daß bei höheren Konzentrationen sich das Streuverhalten nicht mehr sinnvoll nach Gleichung (1) beschreiben läßt, da keine monomolekulare Lösung vorliegt, so erscheint es zweckmäßiger, die Streukurven nicht mehr in der Form $Kc/I = f(\sin^2 \vartheta/2)$, sondern als $1/I = g(\sin^2 \vartheta/2)$ aufzutragen (Bild 9 bis 12). Diese Auftragung gestattet eine bessere Beurteilung des Streuverhaltens, da keine Verzerrung der Kurven durch die variable Konzentration c auftritt. Da die Meßkurven für die verschiedenen Konzentrationen sehr dicht beieinander liegen, wurden die Kurven in den Bildern 9 bis 12 mit abnehmender Konzentration von Kurve zu Kurve jeweils um 0,2 Einheiten nach unten verschoben. Auf diese Weise erhält man ein wesentlich übersichtlicheres Bild. In den Bildern 9 und 10 kommt klar zum Ausdruck, daß bei den länger zentrifugierten Lösungen 1 und 2 der Kurvenverlauf, insbesondere die Krümmung bei kleinen Winkeln, im Konzentrationsbereich oberhalb 0,4% praktisch bei allen Konzentrationen gleich ist, wobei die Intensitäts-

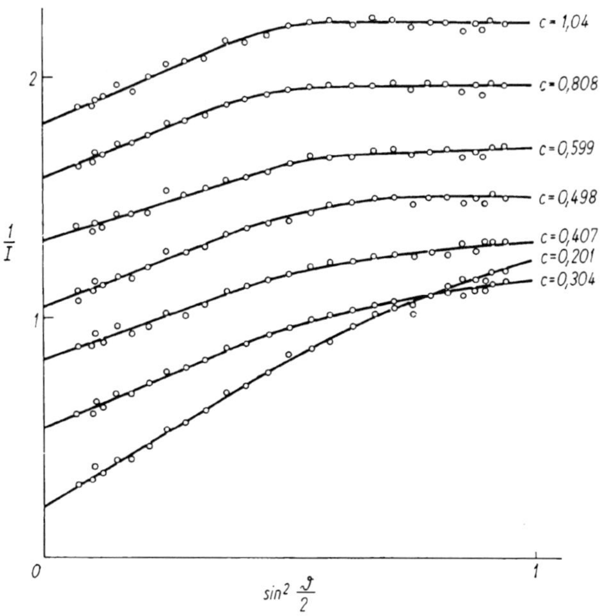

Bild 10. Streufunktionen $1/I$ über $\sin^2 \vartheta/2$ für Lösung 2. Die Kurven sind jeweils um 0,2 Einheiten gegeneinander nach unten verschoben

werte mit fallender Konzentration leicht ansteigen. Erst bei Konzentrationen um 0,3% werden die Kurven steiler und gehorchen dann, wie man aus den Bildern 1 und 2 ersieht, im Bereich kleiner Winkel der Beziehung $Kc/I \sim \sin^2 \vartheta/2$, was einer molekularen Lösung entspricht.

Diese Ergebnisse erscheinen uns wesentlich, da sie Rückschlüsse auf die Struktur der Lösungen im Bereich höherer Konzentrationen gestatten. Wenn das Ver-

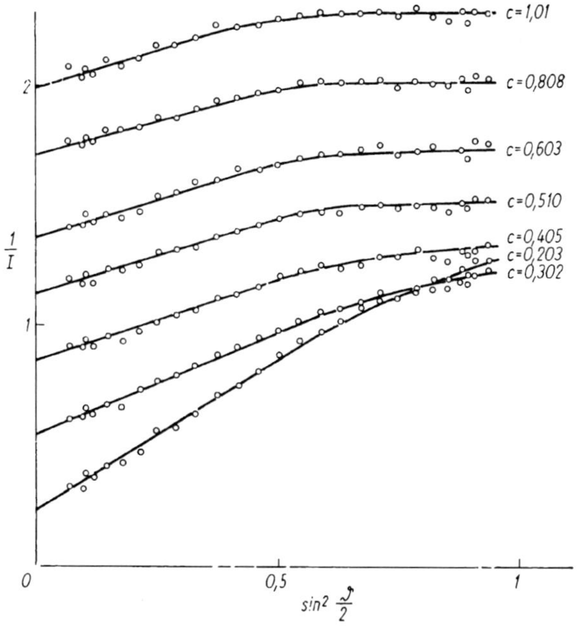

Bild 9. Streufunktionen $1/I$ über $\sin^2 \vartheta/2$ für Lösung 1. Die Kurven sind jeweils um 0,2 Einheiten gegeneinander nach unten verschoben

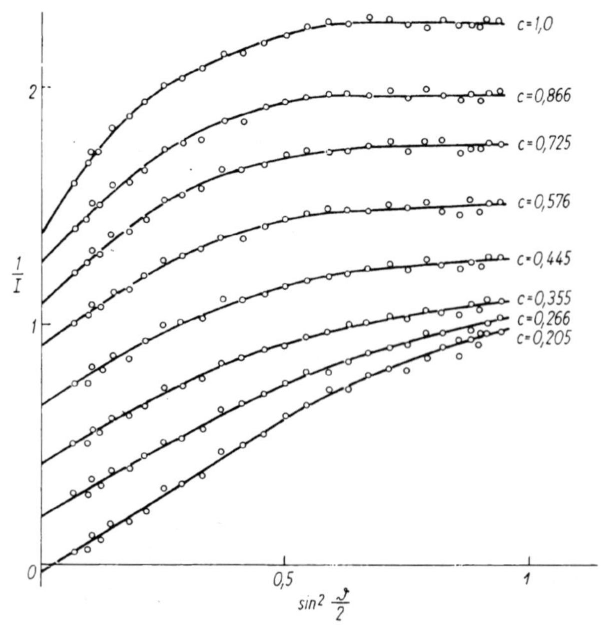

Bild 11. Streufunktionen $1/I$ über $\sin^2 \vartheta/2$ für Lösung 3. Die Kurven sind jeweils um 0,2 Einheiten gegeneinander nach unten verschoben

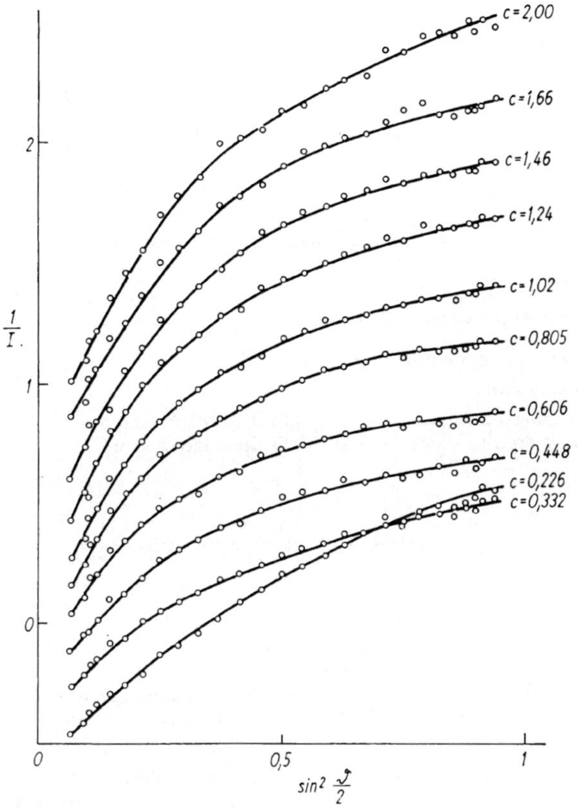

Bild 12. Streufunktionen $1/I$ über $\sin^2 \vartheta/2$ für Lösung 4. Die Kurven sind jeweils um 0,2 Einheiten gegeneinander nach unten verschoben

dünnen der Lösungen in diesem Bereich keinen Einfluß auf die Form der Streukurven $1/I = g(\sin^2 \vartheta/2)$ besitzt, so können auch keine bedeutenden Änderungen in der Struktur der Lösungen auftreten. Zur Deutung dieses Verhaltens möchten wir wieder das Modell einer homogenen Netzstruktur mit eingelagerten Inhomogenitäten heranziehen. Beim Verdünnen der Lösung wird eine Auflockerung der Netzstruktur erfolgen. Dadurch nimmt einerseits die Zahl der streuenden Teilchen ab, zum anderen wird die Gesamtstruktur der Lösung inhomogener. Nach den experimentellen Ergebnissen zu urteilen, kompensieren sich diese Effekte annähernd, so daß die Streuintensität sich nur sehr wenig ändert. Überraschend ist, daß auch der Anfangsanstieg der Kurven gleich bleibt. Nähme man an, daß dieser Anstieg durch stabile Inhomogenitäten, z. B. feste Aggregate, verursacht würde, so müßte man beim Verdünnen eine Abnahme der Anfangsanstiege erwarten, da sich die Zahl der Inhomogenitäten proportional zur Konzentration ändern würde und mit zunehmender Verdünnung einen geringeren Beitrag zur annähernd gleichbleibenden Gesamtintensität leisten müßte. Die experimentellen Ergebnisse legen somit den Schluß nahe, daß die Inhomogenitäten Schwankungen in der Dichte des Netzwerkes darstellen, die in einem Gleichgewicht mit der vorliegenden Netzstruktur stehen.

Das oben diskutierte Verhalten trifft nur auf die Lösungen 1 und 2 zu, bei denen durch starkes Zentrifugieren ein Endzustand in der Homogenisierung der Struktur erreicht wurde. Bei der Lösung 3 (Bild 11) und insbesondere bei Lösung 4 (Bild 12) finden wir mit zunehmender Konzentration ein Steilerwerden der Kurven. Das deutet darauf hin, daß bei hohen Konzentrationen in diesen Lösungen Inhomogenitäten über den Gleichgewichtszustand hinaus vorliegen, die mit zunehmender Verdünnung abgebaut werden.

Abschließend können wir feststellen, daß die Untersuchungen über den Einfluß des Zentrifugierens auf die Struktur von Polystyrollösungen in Benzol das in Arbeit [1] vorgeschlagene Strukturmodell bestätigen. In den hochverdünnten molekularen Lösungen findet man keinen Einfluß des Zentrifugierens auf die Streuintensität, während bei höheren Konzentrationen, d. h. im Bereich der Netzstruktur, das Zentrifugieren zu einer Homogenisierung der Struktur führt.

Für die sorgfältige Mitarbeit bei den experimentellen Untersuchungen danke ich Frau *B. Preiß*.

Literatur

[1] *Dautzenberg, H.:* Lichtstreuung an mäßig konzentrierten Polystyrollösungen. Teil I: Einfluß der relativen Molekülmasse. Faserforsch. u. Textiltechnik **21** (1970) 3, S. 117—125.

[2] *Zimm, B. H.:* The scattering of light and the radial distribution function of high polymer solutions. J. chem. Physics **16** (1948) S. 1093—1099.

[3] *Flory, P. J.*, und *Bueche, A. M.:* Theory of light scattering by polymer solution. J. Polymer Sci. **27** (1958) S. 219 bis 229.

[4] *Benoit, H.*, und *Picot, C.:* Étude par diffusion de la lumière des solutions macromoleculaires moyennement concentrées.

[5] *Huglin, M. B.:* Specific refraction index increments of polymer solutions. Part I: Literature values. J. appl. Polymer Sci. **9** (1965) S. 3963—4001.

Eingegangen am 4. Mai 1970

Faserforschung und Textiltechnik 21 (1970) Heft 8

Modifizierungsreaktionen an Polyamidfäden. Eine Literaturübersicht

Teil I. Pfropfcopolymerisationen mit Styrol und Styrolderivaten

Günter Bouillon

Deutsche Akademie der Wissenschaften zu Berlin,
Institut für Faserstoff-Forschung in Teltow-Seehof, Abt. Polykondensatfaserstoffe

DK 677.494.675:677.862.25:678.746.222:019.9

Die chemische Modifizierung von Polyamidfäden durch Pfropfcopolymerisationsreaktionen mit Styrol und Styrolderivaten wird anhand von Zeitschriften- und Patentveröffentlichungen bis zum Stand von 1969 erörtert.

Реакции модифицирования полиамидных нитей. Обзор литературных данных

Часть 1-ая: Реакции привитой сополимеризации со стиролом и его производными

Приведен обзор литературных и патентных данных (опубликованных до 1969 г.) о химической модификации полиамидных нитей путем привитой сополимеризации со стиролом и его производными.

Modifications of Polyamide Fibres. A Literature Review.

Part I. Graft Copolymerisations of Styrene and its Derivatives

The chemical modification of polyamide fibres by graft copolymerisation with styrene and its derivatives is discussed referring to papers and patents published up to 1969.

1. *Einleitung*

Unter den chemischen Modifizierungsverfahren besitzen die Methoden zur Pfropfcopolymerisation bzw. -copolykondensation eine erhebliche Bedeutung.

Die Pfropfcopolymerisation erlaubt häufig eine gelenkte Modifizierung der Eigenschaften synthetischer Polymerer. Ein weiterer Vorteil dieses Reaktionstyps besteht darin, daß praktisch beliebige Monomere zur Anwendung gelangen können.

Bei der Synthese eines Pfropfcopolymeren kann einmal von einem Makromolekül mit den Monomereneinheiten *A* ausgegangen werden. Längs der Kette induzierte aktive Zentren sind dann in der Lage, die Pfropfcopolymerisation eines zugesetzten Comonomeren *B* (z. B. eines Vinylmonomeren) zu initiieren:

$$\sim(A)_x-\underset{*}{A}-(A)_y-\underset{*}{A}-(A)_z\sim \xrightarrow{(V+W)B} \sim(A)_x-\underset{(B)_v}{\underset{|}{A}}-(A)_y-\underset{(B)_w}{\underset{|}{A}}-(A)_z\sim . \qquad (1)$$

Eine grundsätzlich andere, bisher allerdings nur wenig untersuchte Methode besteht darin, zwei verschiedene fertige Makromoleküle unter chemischer Reaktion miteinander zu verbinden. Das Copolymere muß dabei über eine geeignete funktionelle Endgruppenart (*E*) verfügen, die befähigt ist, möglichst quantitativ mit längs der Kette des zu pfropfenden Rückgratpolymeren befindlichen funktionellen Gruppen (*K*) zu reagieren:

$$\sim(A)_x-\underset{\substack{|\\ K\\ +\\ E\\ |\\ (B)_v}}{A}-(A)_y-\underset{\substack{|\\ K\\ +\\ E\\ |\\ (B)_w}}{A}-(A)_z\sim \xrightarrow{-2KE} \sim(A)_x-\underset{\substack{|\\ (B)_v}}{A}-(A)_y-\underset{\substack{|\\ (B)_w}}{A}-(A)_z\sim . \qquad (2)$$

Im Hinblick auf die später zu schildernden Synthesen von Polyamid-Pfropfcopolymeren interessieren ausschließlich die unter radikalischer Initiierung verlaufenden Verfahren. Prinzipiell ist es möglich, die dazu notwendigen aktiven Zentren auf folgenden Wegen in den fertigen Makromolekülen zu induzieren:

durch chemische Initiierung,
durch thermooxydative Initiierung,
durch strahlenchemische Initiierung,
Initiierung durch Einwirkung mechanischer Energie und durch chemische Reaktionen eingebauter reaktiver Gruppen.

Über diese Möglichkeiten einer radikalisch initiierten Pfropfcopolymerisation sei im folgenden nur das Wesentlichste berichtet. Ausführliche Darstellungen finden sich bei *Smets* und *Hart* [1] sowie *Smets* [2].

Chemische Initiierung

Grundsätzlich sind zwei Wege möglich, auf denen die Makromoleküle des zu pfropfenden Polymeren erzeugt werden. Entweder spalten aus dem Initiator (*R*) stammende Radikale (3) oder wachsende Radikale des Comonomeren B (4) labile Atome aus den Makromolekülen des Rückgratpolymeren heraus. Unter Zugrundelegung der konventionellen Monomereneinheit von Polycaprolactam ergibt sich nachstehendes Bild:

$$R^{\star} + \sim HN-CH_2-(CH_2)_4-CO\sim \xrightarrow{-RH} \sim HN-\overset{*}{C}H-(CH_2)_4-CO\sim \qquad (3)$$

$$R-(CH_2-\underset{B}{\underset{|}{C}H})_n-CH_2-\underset{B}{\underset{|}{\overset{*}{C}H}} + \sim HN-CH_2-(CH_2)_4-CO\sim \longrightarrow R-(CH_2-\underset{B}{\underset{|}{C}H_n})-CH_2-\underset{B}{\underset{|}{C}H_2}+\sim HN-\overset{*}{C}H-(CH_2)_4-CO\sim . \qquad (4)$$

An den Radikalstellen kann dann die Pfropfpolymerisation des Comonomeren B (z. B. eines Vinylmonomeren) einsetzen:

$$\sim HN-\overset{*}{C}H-(CH_2)_4-CO\sim + n\, CH_2=\underset{B}{\underset{|}{C}H} \longrightarrow \sim HN-\underset{\substack{|\\ (CH_2-\underset{B}{\underset{|}{C}H})_{n-1}\sim CH_2-\underset{B}{\underset{|}{\overset{*}{C}H}}}}{CH}-(CH_2)_4-CO\sim . \qquad (5)$$

Die Möglichkeit zur Aufpfropfung von Vinylverbindungen hängt dabei sowohl von der Polarität als auch von der Resonanzstabilisierung der beteiligten Reaktionspartner ab. Aussagen darüber geben von *Alfrey* und *Price* für Copolymerisationen berechnete $q-\varepsilon$-Werte [3 bis 5]. Als Initiatoren gelangen meistens Peroxidverbindungen oder Cer(IV)-Salze zum Einsatz.

Die Unterschiede hinsichtlich des erzielbaren Ausmaßes der Pfropfreaktion resultieren sowohl aus der verschiedenen Reaktionsfähigkeit bezüglich Übertragungs- und Wachstumsreaktion der aus den jeweiligen Initiatoren stammenden Radikale als auch aus der Struktur und Reaktivität der eingesetzten Comonomeren und der morphologischen Beschaffenheit des Rückgratpolymeren.

Thermooxydative Initiierung

Das Polyamid wird in Gegenwart von Ozon, Sauerstoff oder Luft erhitzt. Dadurch sollen zunächst in die Makromoleküle Peroxidgruppen eingeführt werden, die nach anschließendem Zerfall die radikalische Pfropfreaktion des Comonomeren einleiten [19].

Strahlenchemische Initiierung

Ceresa [6] berichtet über die Herstellung von Pfropfcopolymeren unter strahlenchemischer Initiierung. Durch Einwirkung energiereicher Strahlung, wobei die Palette vom UV-Licht über Röntgen- und Elektronenstrahlen bis zur γ-Strahlung reicht, können aus der Polymerenkette Atome oder Atomgruppen herausgebrochen werden oder gar Spaltungsreaktionen der Hauptkette einsetzen. Dabei werden Makroradikale erzeugt. Neben *Chapiro* [7] und *Huglin* [8] legte *Schwarz* [9] in einer Übersichtsarbeit die Wirkung ionisierender Strahlung auf Textilfasern dar. Eine selektive Beeinflussung des Substrats ist durch den Primärakt der Strahlung, sieht man einmal vom relativ niederenergetischen UV-Bereich ab, nicht möglich, da die Energien der verwendeten γ-Quanten oder beschleunigten Elektronen so hoch sind, daß ihnen keine chemische Bindung widersteht. Werden bestimmte Atome oder Moleküle dennoch unterschiedlich betroffen, so sind die Ursachen dafür meist in von der eigentlichen Strahlung unabhängigen Prozessen wie Diffusion, Anregungsübertragungen, Sekundärionisation usw. zu suchen. Die reaktionsfähigen Polymeren-Bruchstücke leiten bei Anwesenheit eines polymerisierbaren Comonomeren die Pfropfreaktion ein, neigen andererseits aber auch zur Ausbildung von Vernetzungen. Ein besonderer Vorteil der unter strahlenchemischer Initiierung verlaufenden Pfropfungsverfahren besteht darin, daß das zu pfropfende Polymere auch als vorgeformter Gegenstand (z. B. Folie, Gewebe) eingesetzt werden kann und weitgehend eine gezielte Änderung seiner Oberflächeneigenschaften möglich wird.

Eine Betrachtung dieser Verhältnisse bei Heterokettenpolymeren, speziell Polyamiden, ergibt, daß durch die Strahlung Radikale statistischer Verteilung längs der Makromolekülkette entstehen. Bei Abwesenheit von Sauerstoff wandern die Radikalzentren längs der Kette durch Übergang von H-Atomen von einem zum benachbarten C-Atom. Resonanzstabilisierungseffekte fixieren die Radikalzentren in der Nähe der Amidgruppe.

Bestrahlung von Polyamiden in Gegenwart von Sauerstoff führt überwiegend zum Bruch der Ketten. Als grundsätzliche Eigenschaftsveränderung in Luft bestrahlter Polyamide ist eine gewisse Abnahme der Festigkeitswerte festzustellen. Im Vakuum durchgeführte Bestrahlungen ergeben Vernetzungserscheinungen; Reißfestigkeit und Thermostabilität nehmen zu.

Zwei grundlegende Arten der Pfropfung unter strahlenchemischer Initiierung werden praktiziert. Das Verfahren einer Vorbestrahlung des zu pfropfenden Polymeren und die Methode der simultanen Bestrahlung des Rückgratpolymeren und des Comonomeren.

Als hochenergetische Strahlenquellen kommen neben Röntgenanlagen insbesondere Linear- oder *van-de-Graaff*-Beschleuniger sowie γ-Strahlenquellen, meist auf Basis ^{60}Co, in Frage. Die Grenzen der strahlenchemisch initiierten Pfropfungsverfahren sind meist in ihrer wirtschaftlichen Tragbarkeit zu suchen, zumal dafür G-Werte (Anzahl der pro 100 eV absorbierter Energie veränderten Atome oder Bindungen bzw. neu entstandenen Moleküle) von einigen Zehn- oder Hunderttausend erforderlich sind.

Initiierung durch Einwirkung mechanischer Energie

Durch die verschiedensten Arten mechanischer Beanspruchung der Polymeren, wobei hier nur Ultraschall, Mastizieren, Schwingmahlen und Vibromischen erwähnt seien, können ebenfalls Makroradikale erzeugt werden [56].

Initiierung durch chemische Reaktionen eingebauter reaktiver Gruppen

In das Makromolekül eingebaute reaktionsfähige Gruppen werden durch nachträgliche chemische oder/und thermische bzw. photochemische Behandlung so aktiviert, daß sie die radikalische Polymerisation eines zugesetzten Comonomeren (z. B. Vinylmonomeren) initiieren [57].

Erwähnt sei abschließend noch, daß Probleme besonderer Art bei den meisten radikalisch eingeleiteten Pfropfungsverfahren darin bestehen, daß gleichzeitig Übertragungsreaktionen stattfinden, die zur unerwünschten Bildung von z. T. beträchtlichen Mengen an Homopolymerisaten führen.

2. Pfropfcopolymerisation mit Styrol

Durch chemische Initiierung

Sakurada u. a. [10] imprägnierten Polyamidgewebe mit verschiedenen Katalysatoren wie $K_2S_2O_8$, $(NH_4)_2S_2O_8$, Azodiisobutyronitril oder Dibenzoylperoxid in unterschiedlichen Konzentrationen und führten durch anschließendes Erhitzen mit Styrol bei 60 oder 90°C in Luft oder unter Stickstoffatmosphäre die Pfropfcopolymerisation herbei. Alle Versuchsparameter waren von Einfluß auf die erzielte Pfropfrate, die bei Anwendung von Dibenzoylperoxid 40% betrug, sonst jedoch Werte bis zu 90% erreichte. Die Pfropfung verlief ebenfalls glatt beim Erhitzen von trockenen mittels $K_2S_2O_8$ imprägnierten Polyamidgeweben mit Styrol/Methanol-Mischungen.

Interessante Ergebnisse erzielten *Kotake* und *Kojima* [11] bei der Untersuchung des folgenden Problems. Mit sauren Farbstoffen gefärbtes und mit gelöstem Ammoniumpersulfat behandeltes Polycaprolactamgewebe wurde bei 94°C in Gegenwart von Wasserdampf der Pfropfcopolymerisation mit Styrol unterzogen. Die Konzentration und Molekularstruktur der Farbstoffe beeinflußten dabei entscheidend den Pfropfungsvorgang. Gewebe leichter oder mittlerer Farbtönung erfuhren durch die Pfropfung keinen wesentlichen Abfall der Reißfestigkeit. Wurden als Farbstoffe Verbindungen mit chinoiden oder aromatischen Nitrogruppen eingesetzt, so konnte fast keine Pfropfung erzielt werden, wenngleich auch die Inhibitorwirkung dieser sauren Farbstoffe wesentlich kleiner als die sonst üblicher Polymerisationsinhibitoren (z. B. Hydrochinon) ist.

Pikler u. Mitarb. [12] bestimmten unter Verwendung von Dibenzoylperoxid als Katalysator in methanolischem Medium den Einfluß verschiedener Variabler, wie Katalysator- und Lösungsmittelverhältnis, Comonomerenkonzentration, Reaktionsdauer und -temperatur bezüglich der Pfropfgeschwindigkeit von Styrol auf Polycaprolactamfäden, die bis zum Volumenbruch 0,60 der Monomerenkonzentration proportional war. Ferner wurde eine direkte Proportionalität zwischen der Anfangsgeschwindigkeit der Pfropfcopolymerisation und der Quadratwurzel der Initiatorkonzentration gefunden.

Ein mit Styrol durch Kettenübertragungsreaktion modifiziertes Polycaprolactamgewebe wurde hinsichtlich seiner Wärmeleitfähigkeit untersucht [13], die sich als abhängig vom Gehalt an gepfropftem Styrol erwies, wobei eine Steigerung um den Faktor 2 im Bereich zwischen 0 und 65 Masse% Styrol zu verzeichnen war. Der Wärmeleitfähigkeitkoeffizient nahm mit steigender Temperatur zu.

Durch thermooxydative Initiierung

Die Pfropfcopolymerisation von Styrol (und anderen Vinylmonomeren) auf verschiedene Polyamidfilme oder Fasern, wie Polyamid 6, Polyamid 7 oder ANID-G-669, war Gegenstand von durch *Koršak* u. a. durchgeführten Arbeiten. Zur Erzeugung der erforderlichen aktiven Zentren im Ausgangspolymeren wurden zwei Verfahren entwickelt.

Bei der ersten Methode erfolgt zunächst eine Behandlung des Polyamids mit Ozon. Durch anschließendes Erhitzen in Gegenwart von Styrol wurde der eigentliche Pfropfungsvorgang initiiert [14 bis 18, 22]. Der Ozonisierungsprozeß stellt einen Komplex verschiedener Konkurrenzreaktionen dar, wobei primär aktiver Sauerstoff entstehen soll, der dann die intermediäre Bildung von Peroxidzentren in der Polyamidmolekel bewirkt, deren Zerfall in Radikale bei der anschließenden thermischen Behandlung die Pfropfcopolymerisation des Comonomeren einleitet [15, 22].

Derart präozonierte Polycaprolactamfilme oder Filme aus ANID-G-669 (Mischpolyamid aus AH-Salz (25) : Caprolactam (50) : Hexamethylendiaminazelainat (25)) wurden 5 h bei 80 °C unter Stickstoffatmosphäre in Styrol erhitzt. Die Massezunahme an aufgepfropftem Styrol betrug bis 20% [14]. Dabei besteht ein direkter Zusammenhang zwischen der Ozonisierungsdauer und der erzielten Pfropfrate [17, 22].

Eine derartige Modifizierung von Polyamiden wirkt sich insbesondere im Ansteigen der oberen Schmelzpunktgrenze, einer Erhöhung der spezifischen Lösungsviskosität und einem Abfall der Löslichkeit in Kresol aus.

Der Nachteil des Ozonisierungsverfahrens besteht vor allem darin, daß das Ausgangspolymere mit zunehmender Ozon-Behandlungsdauer merkliche Festigkeitsverluste erleidet, die bis zur Plastizität führen können [14]. Untersuchungen der Reißfestigkeit ergaben als optimale Ozonisierungszeit 10 bis 15 min [17]. Wesentlich milderer Aktivierungsbedingungen bedient sich die zweite Methode. Anstelle der Ozonisierung wird für die Bildung der aktiven Zentren auf der Oberfläche des Rückgratpolymeren ein Erhitzen in Luft vorgenommen. Anschließende thermische Behandlung mit einem geeigneten Vinylmonomeren wie Styrol führt dann zur Bildung des Pfropfcopolymeren [15, 18 bis 22]. So wurden Filme aus Polycaprolactam und ANID-G-669 z. B. auf 80 °C in Luft erhitzt und mit Styrol gepfropft, wobei die Pfropfausbeute an Styrol bei ANID-G-669 bis zu 20% betrug [20]. Polycaprolactamfäden, die 3 min bei 90 °C in Luft aktiviert worden waren, konnten mit bis zu 30% Styrol gepfropft werden [21].

Koršak u. Mitarb. [20] vergleichen die Bildung der aktiven Zentren in den thermisch behandelten Proben mit oxydativen Abbauvorgängen bei normaler Lagerung. So ist es möglich, auf sechs Jahre gelagerte Filme aus ANID-G-669 30 bis 60% Styrol aufzupfropfen; zusätzliche thermische Behandlung des gelagerten Materials in Luft (2 h bei 80 °C) steigerte die Pfropfausbeute auf 76,7% Polystyrol. Ein analoger mechanistischer Verlauf wird für das Erhitzen in Stickstoffatmosphäre angenommen, wobei die im Polymeren absorptiv gebundene Luft als Sauerstoffquelle fungieren soll [19]. Bisher gelang es jedoch in keinem Falle, durch ESR-, IR- oder andere analytische Methoden derartige Hydroperoxidgruppen oder freie Radikale nachzuweisen, was auf ihre zu geringe Konzentration zurückgeführt wird [20, 22].

Die Thermobehandlung, die ein deutliches Optimum an Aktivierungszeit durchläuft, ist von entscheidendem Einfluß auf die erzielbare Pfropfrate. Dabei wird die Annahme gemacht, daß ein Überschreiten des optimalen Wertes mit einer Zerstörung der gebildeten freien Radikale zusammenhängt [20 bis 22]. Die nach dem eben geschilderten Verfahren erhaltenen Polyamid/Styrol-Pfropfcopolymerisate sind in ihren mechanischen Eigenschaften den nach der Ozonisierungsmethode hergestellten überlegen. Die erzielten Festigkeitszunahmen werden auf Schrumpfungserscheinungen zurückgeführt [20]. Auch der Einsatz eines Gemisches aus Sauerstoff mit 5% Ozon als Aktivator ist für derartige Pfropfreaktionen möglich [23]. Mikrophotographische und röntgenographische Untersuchungen ergaben, daß es sich in allen Fällen um eine Modifizierung der Oberflächeneigenschaften des Rückgratpolymeren handelt, dessen Originalstruktur jedoch nicht verändert wird. Neben den bereits zitierten Faktoren wird die Pfropfcopolymerisation von der Reaktivität des Comonomeren (wobei sich Styrol als besonders aktiv erwies), der Oberflächenbeschaffenheit des Polyamids sowie seiner übermolekularen Struktur beeinflußt.

In zwei weiteren Patentschriften [24, 25] wird über die Pfropfcopolymerisation von festen synthetischen Linearpolyamiden, wie Polyamid 66, mit Styrol berichtet. So kann einmal flockiges Polyhexamethylenadipamid durch 20 h Erhitzen an Luft bei Atmosphärendruck in einer 50%igen methanolischen Styrollösung zu 55% gepfropft werden. Das erhaltene Pfropfcopolymere ist insbesondere zur Herstellung von Gewebe, Filtern und Zeltbahnen geeignet [24]. Im zweiten Fall gelingt es, Gewebestücke aus Polyamid 66 durch 24 h Tränken mit Styrol bei 30 °C unter vermindertem Druck zu pfropfen [25].

Durch strahlenchemische Initiierung

Initiierung durch Anwendung niederenergetischer Strahlung

Als niederenergetische Strahlung kommen neben dem Sonnenlicht insbesondere UV-Quanten unterschiedlicher Wellenlänge in Frage. Die Pfropfcopolymerisation von Styrol und Polycaprolactamfäden unter derartigen photochemischen Induktionsvorgängen untersuchte *Ishibashi* [26 bis 28].

Eine Bestrahlung von Polycaprolactamfäden bei 25 °C in einem Quarzgefäß in Anwesenheit einer 30 vol.-%igen methanolischen Styrollösung mit UV-Licht (λ = 300 bis 380 nm) ergab Proportionalität zwischen Pfropfungsgrad und Quadratwurzel der Lichtintensität. Ein Unterschied zwischen Sonnenlicht und UV-Quanten aus Quecksilber-Hochdrucklampen bestand dabei nicht [26]. Bei Anwendung der Vorbestrahlungstechnik auf einzelne Komponenten des Systems mit UV-Licht von Wellenlängen $<$300 nm wurde eine deutliche Verzögerung des anschließenden Pfropfungsvorganges beobachtet, sofern das Comonomere vorbestrahlt wurde. Dieser Inhibierungseffekt konnte durch Verwendung von Gefäßen aus Natriumcarbonatglas vermieden werden [27].

Sofern die Bestrahlungstemperatur unter 60 °C lag, war ein Zusatz von Lösungsmitteln, wie Methanol, Äthanol, n-Propanol oder n-Butanol, nötig, um die Reaktion zu beschleunigen. Die beste Wirkung zeigte Methanol; bei den höheren Alkoholen empfahl es sich, eine etwas erhöhte Temperatur anzuwenden oder Wasser der Reaktionsmischung zuzufügen [28].

Initiierung durch Anwendung hochenergetischer Strahlung

Für Pfropfungsreaktionen zwischen Monomeren und vorgeformten Hochpolymeren unter Initiierung mit hochenergetischer Strahlung (z. B. Röntgen-, beschleunigte Elektronen- oder γ-Strahlen) wurde eine Reihe von Pfropftechniken entwickelt. Eine systematische Einteilung der Verfahrensmöglichkeiten wird von *Heger* [29] vorgestellt.

Verhältnismäßig wenig gelangten für die Pfropfung von Styrol auf Polyamide Röntgenstrahlen als Initiatoren zum Einsatz. Erwähnt sei hier eine Arbeit von *Vlasov* u. Mitarb. [30]. Der Pfropfungsanteil von Styrol aus der Dampfphase auf mit Röntgenstrahlen behandelte Polyamid-6.6-Fäden stieg dabei stark mit der Monomerenkonzentration, wobei die Sorption des Styroldampfes durch das Polymerenmaterial offenbar den entscheidenden Faktor darstellte.

Eine Vielzahl von Autoren [29, 31 bis 51] berichtete dagegen über die Pfropfcopolymerisation von Styrol und Polyamiden unter Initiierung mit beschleunigten Elektronen- oder γ-Strahlen.

Wie bereits im Abschnitt 1 erläutert wurde, tritt durch die hochenergetische Bestrahlung von Polyamiden eine bis zu irreversiblen Schäden führende Belastung dieser Materialien auf.

Armstrong und *Rutherford* [43] fanden bei Bestrahlung von Polyamid-6.6-Fäden in Luft mit ^{60}Co-γ-Strahlen eine Abnahme der Reißfestigkeit und Dehnung, wogegen eine Strahlungsbehandlung in Stickstoffatmosphäre bei Raumtemperatur selbst nach Dosen von 0,5 Mrad keine Schädigung bewirkte. *Heger* [51, 52] stellte umfangreiche Untersuchungen über den Einfluß energiereicher Strahlung auf die Eigenschaften synthetischer Faserstoffe, insbesondere aus Polycaprolactam (DEDERON) an. Die Abbauerscheinungen des Polymeren beim Bestrahlen an Luft werden so interpretiert, daß der in die Oberfläche des fadenförmigen Materials hineindiffundierende Sauerstoff als „Radikalfänger" fungiert und somit eine Vernetzung verhindert.

Textilmikroskopische Untersuchungen, insbesondere des Quellungsverhaltens von mit ^{60}Co-γ-Strahlen behandelten DEDERON-Monofil (2,2 tex), wiesen auf eine „kritische Dosisleistung" von $0{,}3 \cdot 10^5$ R/h hin, oberhalb derer nur noch die Dosis, aber nicht mehr die Dosisleistung strahlenchemisch induzierte Veränderungen bewirkt.

Im folgenden seien die Ergebnisse der wichtigsten Arbeiten bezüglich der strahlenchemisch induzierten Pfropfung von Styrol auf Polyamide mitgeteilt.

Dasgupta, Slobodian und *Rowat* [42] benutzten sowohl die Vorbestrahlungs- als auch die Simultanbestrahlungstechnik. Als Strahlenquelle diente eine ^{60}Co-Anlage mit einer Dosisleistung von 1,2 Mrad/h. Bei Anwendung des Vorbestrahlungsverfahrens wurden Gewebeproben aus Polyamid 6.6 in Wasser unter Stickstoffatmosphäre mit Dosen von 2 oder 5 Mrad bestrahlt. Nach Eintragen in die Pfropflösung (20% Styrol, 72% Äthylalkohol, 8% Wasser) wurde zur Initiierung der eigentlichen Pfropfreaktion nochmals mit einer geringen Dosis von 0,19 Mrad nachbestrahlt; ohne diese Nachbestrahlung blieb die Pfropfcopolymerisation aus. Nach 1,5 h Reaktion der Komponenten wurde das Pfropfcopolymere getrocknet, gewogen und durch Extraktion mit Benzol sorgfältig von Homopolymeranteilen befreit. Die erzielte Pfropfrate betrug 26,2% (bei 2 Mrad) bzw. 30,2 % (bei 5 Mrad). Bei Einsatz der Simultanbestrahlungstechnik wurden die Gewebeproben in die Reaktionsmischung (z. B. 20% Styrol, 72% Äthanol, 8% Wasser) eingetaucht und das Ganze mit einer zwischen 0,35 und 2 Mrad variierten Dosis bestrahlt. In diesem Strahlungsintervall stieg die Pfropfrate von 2,6 auf 62,2% linear mit der Dosis an.

Die experimentellen Daten zeigen, daß die erzielbare Pfropfrate bei einer vorgegebenen Gesamtdosis abhängig von der gewählten Dosisleistung ist. So steigt die Massezunahme mit fallender Dosisleistung an, da in diesem Falle eine längere Zeit zur Wiedereinstellung der Gleichgewichtsbedingungen verfügbar ist und demzufolge eine weitere Diffusion des Styrols in die Oberfläche des Rückgratpolymeren ermöglicht wird. Prinzipiell ähnliche Resultate hinsichtlich der Abhängigkeit der Pfropfungsrate von der Dosis bzw. Dosisleistung erhielten auch andere Autoren [29, 32, 33, 35, 41, 46, 50].

Arifov u. Mitarb. [32, 33] wendeten für die Pfropfcopolymerisation des Styrols auf Polycaprolactamfäden die Simultanbestrahlungstechnik an. Das Trägerpolymere wurde in die methanolische Monomerenlösung eingetaucht und anschließend in verschlossenen Glasampullen mit ^{60}Co-γ-Strahlen (Dosis 3,5 bis 5 Mrad) bestrahlt. Die Pfropfrate (max. 50 bis 80%) stieg schnell bis zu einer „Grenz"-Strahlendosis. Ein deutlicher Geschwindigkeitsabfall der Pfropfreaktion war in diesem „Grenz"-Bereich (zwischen 25 und 77 R/s) zu verzeichnen. *Davies* [49] fand dagegen, daß bei Anwendung der Simultanbestrahlungstechnik an Geweberollen der Pfropfgrad bei einer Dosisleistung von 0,9 Mrad/h (^{60}Co-γ-Strahlen) in einem breiten Bereich unabhängig von der Dosis war. Gleichzeitig war bei diesem Verfahren nur eine geringe Menge Homopolymerisat an den Gewebeaußenlagen zu verzeichnen.

Kurilenko u. Mitarb. [46] pfropften Styrol aus der Dampfphase auf vorbestrahlte Polycaprolactamfaserstoffe. Hierbei wuchs die gepfropfte Menge des Vinylmonomeren jedoch nur sehr langsam mit der Dosis (2,80% Styrol bei 0,04 Mrad, 3,33% Styrol bei 10,2 Mrad).

Ein weiterer sehr wichtiger Parameter für die Pfropfcopolymerisation von Vinylverbindungen auf Polyamide stellt der Einfluß zugesetzter Lösungsmittel dar, wobei fast ausschließlich Alkohole oder Wasser zum Einsatz gelangen [29, 32, 34, 36, 41, 42, 44, 49, 50]. Die wohl umfangreichsten Untersuchungen zu dieser Problematik wurden von *Odian* u. Mitarb. angestellt [38 bis 40]. So wird die Pfropfung von Styrol auf Polyamid-6.6-Filme durch dem Monomeren zugesetztes Methanol erheblich gesteigert [40] (Tabelle 1).

Zwei mögliche Mechanismen werden für diese Erscheinung diskutiert, wonach die Erhöhung und Beschleunigung der Pfropfung entweder auf das Auftreten eines *Trommsdorf*-Effektes oder auf die verbesserte Zugänglichkeit der aktiven Zentren durch Quellung des zu modifizierenden Polymeren zurückzuführen sind [39]. Ferner kann bei bestimmter, vorgegebener Pfropfungsrate durch Zusatz von Methanol die notwendige Strahlendosis erheblich vermindert werden. So ist bei einer Dosis von nur 0,44 Mrad aus einer Mischung von Styrol (50)/Methanol (50) (Vol/Vol) der gleiche Pfropfungseffekt (11,9%) erzielbar [38], den *Ballantine* u. a. [31] aus reiner Monomerenlösung erst bei 31,1 Mrad erreichten. *Arifov* u. Mitarb. [32, 33] setzten Polycaprolactamfäden ein und erzielten aus einer analog zusammengesetzten Styrol/Methanol-Mischung bei einer Dosis von 4,5 Mrad eine Massezunahme von 420%.

Heger [29] ermittelte ebenfalls als optimale Zusammensetzung der Pfropflösung ein Verhältnis von Styrol (50) zu Methanol (50) (Vol/Vol). Der erzielte Pfropfungsgrad wird bei 38 °C Pfropfungstemperatur, 90 min Pfropfdauer und 1 Mrad Strahlungsdosis mit ca. 44%, bei 2 Mrad mit ca. 62% angegeben.

Neben *Davies* [49, 50] setzen *Dasgupta, Slobodian* und *Rowat* [42] Äthanol/Wasser-Gemische als Lösungsmittel für das Styrol ein. Interessanterweise wurde nämlich bei Verwendung von absolutem Alkohol als Styrollösungsmittel nur eine sehr geringe Massezunahme bei der Pfropfung beobachtet. Unter Anwendung der Simultanbestrahlungstechnik mit einer Dosis von 0,7 Mrad wurden braune Polyamid-6.6-Gewebeproben mit einer Lösung behandelt, die neben 20 Vol.-% Styrol unterschiedliche Mengen an Äthanol und Wasser enthielt. Mit steigendem Wassergehalt der Lösung stieg die prozentuale Massezunahme rasch an und erreichte bei 15 Vol.-% Wasser und 65 Vol.-% Äthanol

Tabelle 1. Lösungsmitteleinfluß bei der Pfropfung von Styrol auf Polyamid-6.6-Filme (nach Odian [40])

CH_3OH im Monomeren Vol-%	Pfropfgrad %
0	0
10	18,2
30	26,9
50	29,0
70	26,0
90	7,6

ein Maximum von etwa 21%. wogegen ohne Wasserzusatz nur etwa 1,8% erzielt wurden. Farblose, grobe Gewebeproben wurden unter diesen Bedingungen bis zu 42% gepfropft. Höhere Wassergehalte als 15 Vol.-% führten zu einer zunehmenden Versteifung und ungleichmäßigen Pfropfung des Ausgangspolymeren. Ähnliche Verhältnisse ergaben sich auch bei Anwendung der Vorbestrahlungstechnik, jedoch wurde hier die größte Massezunahme bei Wasserüberschuß erzielt.

Weitere Einflußfaktoren stellen neben den selbstverständlichen Größen wie Pfropftemperatur und -dauer u. a. die Monomerenkonzentration [35], Inhibitoren (z. B. p-tertiär-Butylcatechol [29, 42]) und Nachbestrahlungseffekte [42] dar.

Bereits im Jahre 1953 berichteten *Charlesby* [53] sowie *Lawton* u. Mitarb. [54], daß bei der γ-Bestrahlung von Polyamid neben einer Radikalbildung organische Peroxide und Hydroperoxide auftreten. Gleichzeitig erfährt das bestrahlte Polymermaterial eine Vernetzung und erleidet einen gewissen Abbau.

Basierend auf diesen Erkenntnissen und aus ultrarotspektroskopischen Kenndaten werden zwei grundsätzliche mechanistische Varianten für die Pfropfung des Styrols mit Polyamiden postuliert, die überwiegend in den amorphen Bereichen der Polymerketten stattfindet [42, 46]. Einerseits können die Vinylmonomerenmoleküle an den strahleninduzierten radikalischen Zentren der Methylenkohlenstoff- oder Carbonamidstickstoffatome angreifen. Bei Anwesenheit von Wasser wird außerdem ein ionischer Mechanismus diskutiert. Er soll durch radiolytische Spaltungsprodukte dieser Komponente (z. B. H_3O^+, OH^-) induziert werden [42].

Kurilenko u. a. [46] nehmen auf Grund der Ergebnisse über die Zerfallskinetik der freien Radikale und über die Sorption des Monomeren an, daß der Pfropfgrad durch Diffusion des Styrols zu den freien Radikalen begrenzt wird.

Hinsichtlich der Art des erhaltenen Pfropfcopolymeren (Oberflächen- oder durchgehende Pfropfung) werden verschiedene Auffassungen vertreten, die aber meist durch objektive Ursachen, d. h. unterschiedliche Versuchsbedingungen determiniert sind. *Heger* [51] (Vorbestrahlungstechnik, Pfropfung im Monomerendampf) ermittelte durch textilmikroskopische Untersuchungen eine reine Oberflächenmodifizierung des Polycaprolactams (Kern/Mantel-Struktur). *Kurilenko* u. Mitarb. [46] (Simultanbestrahlungstechnik, Pfropfung im Monomerendampf) stellten fest, daß mit steigender Pfropfungsdauer eine zunehmende Verlagerung der Reaktion in das Fadeninnere erfolgt. *Arifov* u. a. [32, 33] (Simultanbestrahlungstechnik, Pfropfung aus der flüssigen Phase) postulierten dagegen aus Ergebnissen selektiver Färbemethoden eine reine Pfropfung des Styrols im Inneren des Fadenmaterials.

Besonders beachtenswert sind die infolge der Pfropfcopolymerisation hervorgerufenen Eigenschaftsänderungen des Polymeren. Leider wurden darüber nur in wenigen Fällen umfangreiche Untersuchungen angestellt [29, 37, 42]. Die wichtigsten diesbezüglichen Resultate für Styrol/Polyamid-Pfropfcopolymere seien im folgenden aufgeführt.

Hinsichtlich der *Formänderung* fanden *Shinohara* und *Mukoyama* [37], daß im System gereckter Polyamid-6.6-Fasern die Pfropfung nur in radialer Richtung fortschreitet, wobei sich der Ausgangstiter von 0,34 tex bis auf 0,73 tex (bei einer Pfropfrate von 105%) ändert; gleichzeitig tritt eine gewisse Schrumpfung der Proben auf. Eine ähnliche Auffassung wird in [29] dargelegt.

Über die Änderungen der *mechanischen* Eigenschaften werden z. T. unterschiedliche Meinungen vertreten. Ein absoluter Vergleich der ermittelten Werte ist auf Grund der angewandten verschiedenen Pfropfungsverfahren schwierig. *Heger* [29] vorbestrahlte ein DEDERON-Monofil (a) oder -Gewebe (b) mit einer Fadenfeinheit von 2,2 tex mittels Elektronenstrahlung (1 MeV) in Luft und pfropfte das Styrol (in Anwesenheit von Wasserdampf) entweder aus der Dampfphase (a) oder aus der flüssigen Phase (Styrol (50)/Methanol (50) (Vol/Vol)) (b) jeweils bei 20 bis 40°C.

Die festgestellten Werte für die Reißkraft und Reißdehnung zeigen im Fall (a) auch bei hohen Pfropfgraden keine wesentlichen Änderungen. Im Fall (b) werden für die Reißkraft ebenfalls nur wenig signifikante Unterschiede beobachtet. Die Reißdehnung steigt dagegen mit wachsenden Pfropfungsgraden an, wofür die starke Fixierung der Bindebögen der Monofilfäden im Gewebe nach der Pfropfung verantwortlich gemacht wird.

Shinohara und *Mukoyama* [37] vorbestrahlen Polyamid-6.6-Fasern von 0,34 tex ebenfalls in Luft mit einer Elektronenstrahlung (1 MeV) und pfropften anschließend in der flüssigen Phase aus einem Gemisch von Styrol/Wasser/Methanol bei 60°C. Die Pfropfdauer betrug 1 bis 5 h. Eine Änderung der Reißkraftwerte wurde nicht festgestellt, wohl aber, unter Berücksichtigung des sich bei der Pfropfung vergrößernden Fadentiters, eine Abnahme der Reißlänge. Daraus wird gefolgert, daß für die Festigkeit nur der Polyamidanteil, nicht aber der (ungereckte!) Polystyrolanteil verantwortlich ist. Die mit steigendem Pfropfungsgrad zunehmende Dehnung ist auf die große Dehnung des Polystyrols zurückzuführen.

Im Gegensatz zu diesen Resultaten wird von *Dasgupta* u. a. [42] im Ergebnis der Pfropfung von Styrol auf Polyamid-6.6-Fäden eine erhöhte Reißfestigkeit angegeben, Resultate, die in [29] bezweifelt werden, da eine geringe Festigkeitszunahme auch durch einfaches Bestrahlen erzielbar sein soll [52].

Weitere interessante Feststellungen bezüglich der mechanischen Eigenschaften von mit Styrol gepfropften Polyamid-6.6-Fäden sind eine Erhöhung des *Young*-Moduls von 93,6 p/tex auf 177 p/tex (bei 105% Pfropfgrad) und des Torsionsmoduls sowie eine Verringerung der elastischen Erholung mit steigenden Pfropfgraden. Erwähnt sei ferner, daß die modifizierten Materialien zwar nur eine geringe Thermoschrumpfung zeigen, aber über eine zunehmend schlechtere Formstabilität beim Erhitzen (Fließpunkt etwa 210°C) und Thermofixierung verfügen [37]. Durch das Aufpfropfen von Styrol auf Polyamidfäden wird die Adhäsion von thermoreaktiven Epoxid- und Polyesterharzen erhöht, was für die Herstellung von Klebvliesstoffen von erheblicher Bedeutung ist [45, 47, 48]; auch die Haftfestigkeit gegenüber Kautschuk ist verbessert [55].

Die veränderten *chemischen* Eigenschaften der Pfropfcopolymeren äußern sich in einer weitgehenden Resistenz gegenüber Chemikalien und Lösungsmitteln (Ameisensäure, Phenol, m-Kresol) [35, 42], einer verminderten Feuchtigkeitsaufnahme von 4,8 auf 2,0% (bei 105% Pfropfgrad) für Polyamid-6.6 [37], einer verschlechterten Anfärbbarkeit [37] und einer vollständigen Sprühwasserresistenz [42]. Bedeutsam ist, daß der letztgenannte Effekt, im Gegensatz zu siliconierten textilen Flächengebilden, permanent ist und sich auch beim scharfen Waschen oder Kontakt des Materials mit organischen Lösungsmitteln nicht verliert [42, 50]. Auf Grund dieser Eigenschaften ist besonders ein Einsatz für Zeltplanen möglich. Die Untersuchung des Bewetterungsverhaltens ergab, daß derartige Zeltstoffe wesentlich geringere Festigkeitsverluste in Abhängigkeit von der Bewetterungsdauer erleiden, als dies bei konventionellen Materialien der Fall ist [42].

Initiierung durch Einwirkung mechanischer Energie

Grohn und *Oprea* [56] pfropften Styrol auf Polycaprolactampulver in Gegenwart flüssiger Dispersionsmittel wie Methanol, Dioxan und Aceton. Die Erzeugung der zur Reaktion notwendigen freien Radikale wurde durch Schwingmahlen des Polymeren vorgenommen.

Initiierung durch chemische Reaktion eingebauter reaktiver Gruppen

Eine völlig neuartige Pfropftechnik entwickelten *Bamford* u. Mitarb. [57]. Das Prinzip beruht darauf, daß N-bromierte oder N-chlorierte Polyamide in Gegenwart einfacher oder Phosphinbrücken enthaltender komplexer Metallcarbonyle so aktiviert werden, daß auf thermischem oder photochemischem Wege freie Radikale an den Carbonamidstickstoffatomen induziert werden können, die dann eine Pfropfung mit geeigneten Vinylverbindungen wie Styrol ermöglichen.

So wurden Polyamid-6.6- und -6.10-Monofile sowie Polycaprolactamgewebe entpräpariert und mittels Natriumhypochlorit- oder -hypobromitlösungen, in einigen Fällen auch mittels gasförmigen Chlors, N-halogeniert. Die so substituierten Polyamidproben wurden anschließend in einer styrolhaltigen Reaktionslösung unter Zusatz von $Mn(CO)_6$ thermisch bei 60 °C bzw. unter Zusatz von $Mn_2(CO)_{10}$ photochemisch (UV-Strahlung) mit der Vinylverbindung gepfropft. Der Pfropfgrad blieb bei Verwendung von Styrol mit 2,5% allerdings gering.

Bei Einsatz anderer Vinylmonomerer sind weit höhere Pfropfraten erzielbar[1]).

Die Besonderheit dieses Verfahrens besteht in erster Linie darin, selektiv an den Carbonamidstickstoffatomen substituierte Polyamide zu synthetisieren.

3. *Pfropfcopolymerisation mit Styrolsulfonsäure und ihren Salzen sowie mit Divinylbenzol*

Unter Anwendung verschiedener Initiierungsverfahren wurden Styrolsulfonsäure/Styrol-Gemische [58] oder Styrolsulfonsäure [59, 60] auf Polyamidfäden gepropft. *Balassa* und *Vrsalovic* [58] behandelten Polycaprolactamfäden bei 20 °C mit einer Lösung aus Wasser, Äthanol, Styrol, Styrolsulfonsäure und Tetrachlorkohlenstoff entweder unter Initiierung mit Benzoylperoxid oder unter Bestrahlung mit ^{60}Co-γ-Strahlen (0,01 Mrad). Das erhaltene Pfropfcopolymere besaß bei 25% verminderter Festigkeit ein rund 12- bis 13mal höheres Feuchtigkeitsaufnahmevermögen als das Ausgangsmaterial. Neben einer erheblich verbesserten Anfärbbarkeit war eine verringerte Tendenz zur elektrostatischen Aufladung zu verzeichnen.

Besonders interessant, speziell hinsichtlich erzielbarer Eigenschaftsveränderungen, sind die Methoden zur Pfropfung von Polyamiden mit Alkalisalzen der Styrolsulfonsäure [61 bis 63]. So wurden Polyamidgewebe zunächst mit einer wäßrigen Lösung von Kaliumstyrolsulfonat behandelt und anschließend mit ^{60}Co-γ-Strahlung (15 Mrad) bestrahlt. Die so hergestellten Pfropfcopolymeren besaßen eine verminderte Neigung zur elektrostatischen Aufladung und Anschmutzbarkeit sowie eine verbesserte Sprungelastizität und erhöhte Resistenz gegenüber dem Einbrennen von Löchern ("hole melting") [61, 62].

Erwähnt sei ferner, daß Polyamidfäden und -pulver auch mit Divinylbenzol durch Kettenübertragungsreaktionen pfropfcopolymerisiert wurden [64, 65].

Literatur

[1] *Smets, G.*, und *Hart, R.*: Block and graft copolymers. Advances Polymer Sci. / Fortschritte Hochpolymeren-Forsch. **2** (1960) S. 173—220.
[2] *Smets, G.*: Formation of block and graft copolymers. Ber. Bunsenges. physik. Chemie **70** (1966) 3, S. 248—257.
[3] *Vollmert, B.*: Grundriß der Makromolekularen Chemie. Berlin/Göttingen/Heidelberg: Springer 1962, S. 90ff.
[4] *Smets, G.*, und *Claesen, M.*: Copolymères greftés. J. Polymer Sci. **8** (1952) S. 289—311.
[5] *Voeks, J. F.*: Graft polymerization and branching. J. Polymer Sci. **18** (1955) S. 123—128.
[6] *Ceresa, R. I.*: Block and graft copolymers. London: Butterworth 1962, S. 46ff. und 51ff.

1) siehe Teil II; Faserforsch. u. Textiltechnik, im Druck

[7] *Chapiro, A.*: Radiation chemistry of polymeric systems. High Polymers, Vol. XV. New York: Wiley & Sons 1962.
[8] *Huglin, M. B.*: Effects of radiation on textile polymers. Man-made Textiles **43** (1966) 508, S. 34—37.
[9] *Schwarz, E.*: Strahlenchemische Prozesse zur Modifizierung natürlicher und synthetischer Textilfasern. Melliand Textilber. **45** (1964) 12, S. 1377—1381.
[10] *Sakurada, I.*, *Sakaguohi, Y.*, und *Sakai, Y.*: Pfropfpolymerisation von Styrol und Vinylacetat auf Nylongewebe unter Aufnahme von Katalysatoren. Sen-i Gakkaishi, Japan (J. Soc. Fiber Sci. Technol.) **20** (1964) 9, S. 613—616; ref. in: Chem. Abstr. **66** (1967) 7924 (from Polymer Rept. **78** (1964) S. 37—38).
[11] *Kotake, R.*, und *Kojima, T.*: Pfropfpolymerisation von Styrol auf gefärbtes Polyamidgewebe durch einen Persulfatinitiator. Sen-i Gakkaishi, Japan (J. Soc. Fiber Sci. Technol.) **21** (1965) 9, S. 467—470; ref. in: Chem. Abstr. **64** (1966) 11366.
[12] *Pikler, A.*, *Svitek, J.*, und *Repka, I.*: Modifizierung von Polyamidfasern durch Pfropfcopolymerisation mit Styrol. Sbornik prác Chemickotechnologickej faculty Sloven. Vys. Skola Techn. (Sammlung der Arbeiten der Chem.-technolog. Fak. der Slovak. Techn. Hochschule) (1965) S. 101—107; ref. in: Chem. Abstr. **64** (1966) 17767.
[13] *Pikler, A.*, *Lodesova, D.*, *Svitek, J.*, und *Lodes, A.*: Wärmeleitvermögen von gepfropften Polyamid-Polystyrolcopolymeren. Sbornik prác Chemickotechnologickej faculty Sloven. Vys. Skola Techn. (Sammlung der Arbeiten der Chem.-technolog. Fak. der Slovak. Techn. Hochschule) (1967) S. 135—139; ref. in: Chem. Abstr. **69** (1968) 59981.
[14] *Koršak, V. V.*, *Mozgova, K. K.*, und *Školina, M. A.*: Herstellung von Pfropfpolymeren von Polyamiden mit Vinylmonomeren. Dokl. Akad. Nauk SSSR (Ber. Akad. Wiss. UdSSR) **122** (1958) S. 609—611.
[15] *Koršak, V. V.*, und *Mozgova, K. K.*: Neues Verfahren zur Herstellung von Pfropfcopolymeren. Izv. Akad. Nauk SSSR, Otd. chim. Nauk (Nachr. Akad. Wiss. UdSSR, Abt. chem. Wiss.) (1958) S. 651.
[16] *Koršak, V. V.*, *Mozgova, K. K.*, und *Školina, M. A.*: Herstellung von Pfropfcopolymeren. III. Pfropfung von Vinylmonomeren auf Polyamide. Vysokomol. Soed. (Hochmol. Verbind.) **1** (1959) S. 1364—1368.
[17] *Koršak, V. V.*, *Mozgova, K. K.*, und *Školina, M. A.*: Herstellung von Pfropfcopolymeren. IV. Pfropfung von Styrol auf Polyamide. Vysokomol. Soed. (Hochmol. Verbind.) **1** (1959) S. 1573—1579.
[18] *Koršak, V. V.*, *Mozgova, K. K.*, *Školina, M. A.*, *Uzina, R. V.*, und *Ionova, I. V.*: Herstellung von Pfropfcopolymeren. XIII. Vysokomol. Soed. (Hochmol. Verbind.) **5** (1963) S. 338—342.
[19] *Koršak, V. V.*, *Mozgova, K. K.*, und *Školina, M. A.*: Neues Verfahren zur Herstellung von Pfropfcopolymeren. Vysokomol. Soed. (Hochmol. Verbind.) **2** (1960) S. 957—958.
[20] *Koršak, V. V.*, *Mozgova, K. K.*, und *Školina, M. A.*: Herstellung von Pfropfcopolymeren. VII. Vysokomol. Soed. **3** (1961) S. 1462—1467.
[21] *Koršak, V. V.*, *Mozgova, K. K.*, und *Školina, M. A.*: Herstellung von Pfropfcopolymeren. VIII. Vysokomol. Soed. (Hochmol. Verbind.) **3** (1961) S. 1655—1660.
[22] *Koršak, V. V.*, *Mozgova, K. K.*, und *Školina, M. A.*: Grafting as a method of surface modification of heterochain polymers. J. Polymer Sci., C: Polymer Symposia **4** (1963) S. 753—764.
[23] Oberflächenmodifizierung von Polyamiden. *Koršak, V. V.*, und *Mozgova, K. K.*, SUP 116268 vom 19. 1. 1959; ref. in Chem. Abstr. **53** (1959) 19460.
[24] Graft copolymers from solid linear polyamides. Du Pont. GBP 872515 vom 12. 7. 1961; ref. in Chem. Abstr. **55** (1961) 2709.
[25] Graft polymerization of ethylenically unsaturated monomers to solid, shaped polyamides employing heat as the sole graft initiator. Du Pont. USP 3313591 vom 11. 4. 1967; ref. in: Chem. Abstr. **67** (1967) 12447.
[26] *Ishibashi, H.*: Photochemisch induzierte Pfropfpolymerisation von Styrol auf Polyamid 6. I. Lichtquelle, effektive Wellenlänge und Lichtintensität. Kobunshi

Kagaku, Japan (Chem. High Polymers) **23** (1966) 256, S. 620—624; ref. in: Chem. Abstr. **66** (1967) 116576.

[27] *Ishibashi, H.:* Photochemisch induzierte Pfropfpolymerisation von Styrol auf Polyamid 6. II. Verzögerungswirkung von kurzwelligem UV-Licht. Kobunshi Kagaku, Japan (Chem. High Polymers) **24** (1967) 262, S. 171—177; ref. in: Chem. Abstr. **67** (1967) 117964.

[28] *Ishibashi, H.:* Photochemisch induzierte Pfropfpolymerisation von Styrol auf Polyamid 6. III. Einfluß des Lösungsmittels auf die Bestrahlungstemperatur. Kobunshi Kagaku, Japan (Chem. High Polymers) **25** (1968) 280, S. 481—489.

[29] *Heger, A.:* Modifizierung von Polyamidfaserstoffen durch strahlenchemisch initiiertes Aufpfropfen von Styrol. Faserforsch. u. Textiltechnik **20** (1969) 1, S. 21 bis 30.

[30] *Vlasov, A. V., Michajlov, N. V., Rafikov, S. R., Tokareva, L. G.,* und *Tsetlin, B. L.:* Kinetische Beziehungen der strahlungsinduzierten Pfropfpolymerisation von synthetischen Fasern in der Gasphase. Radiats. Chim. polim. Mater. Simp. (Symposium über Strahlenchemie polymerer Materialien), Moskau 1964, S. 139—142; Diskussion S. 142—143 (publiz. 1966); ref. in: Chem. Abstr. **66** (1967) 96047.

[31] *Ballantine, D. S., Colombo, P., Glines, A., Manowitz, B.,* und *Metz, D. I.:* Fission-product utilization. IX. Radiation-induced graft copolymerization and solid state polymerization. U.S. Atomic Energy Comm. BNL-414 (T-81) (1956), 14 S.; ref. in: Chem. Abstr. **51** (1957) 7896.

[32] *Arifov, U. A., Klein, G. A., Filippov, A. N., Amirova, N. Ju., Adilkhodzhaeva, G. A., Okun, G. S.,* und *Osipova, L. Kh.:* Strahlenchemische Pfropfcopolymerisation von Naturseide, Kapron und Viskose. Izv. Akad. Nauk Usbek. SSR, Serija Fiz.-math. Nauk (Nachr. Akad. Wiss. Usbek. SSR, Reihe Physikal.-mathem. Wiss.) **4** (1960) S. 59—64; ref. in: Chem. Abstr. **55** (1961) 7848.

[33] *Arifov, U. A., Klein, G. A., Filippov, A. N., Amirova, N. Ju., Adilkhodzaeva, G. A., Okun, G. S.,* und *Osipova, L. Kh.:* Strahlenchemische Pfropfung von Vinylmonomeren auf einige natürliche und synthetische Fasern. Tr. vtorogo Vses. Sovesc po Radiac. Chimii, Akad. Nauk SSSR, Otd. Chim. Nauk (Arb. d. 2. Allunionskongr. d. Strahlenchemie, Akad. Wiss. UdSSR, Bereich Chem. Wiss.) Moskau 1960, S. 70—76 (publiz. 1962); ref. in: Chem. Abstr. **58** (1963) 5820.

[34] *Azimov, S. A., Usmanov, Kh. U., Kordub, N. V.,* und *Slepakova, S. I.:* Durch γ-Strahlen induzierte Pfropfung von einigen Monomeren auf Naturseide und Kapron. Vysokomol. Soed. (Hochmol. Verbind.) **2** (1960) S. 1459 bis 1462.

[35] *Azimov, S. A., Kordub, N. V., Slepakova, S. I.,* und *Usmanov, Kh. U.:* Untersuchung der mittels γ-Strahlung erhaltenen Pfropfcopolymeren von Naturseide und Kapron. Tr. vtorogo Vses. Sovesc po Radiac. Chimii, Akad. Nauk SSSR, Otd. Chim. Nauk (Arb. d. 2. Allunionskongr. d. Strahlenchemie, Akad. Wiss. UdSSR, Bereich Chem. Wiss.), Moskau 1960, S. 490—496 (publiz. 1962); ref. in: Chem. Abstr. **58** (1963) 4677.

[36] *Shinohara, Y.:* Modifizierung von Fasern durch strahleninduzierte Pfropfcopolymerisation. Kobunshi Kagaku, Japan (Chem. High Polymers) **17** (1960) S. 197 bis 201; ref. in: Chem. Abstr. **55** (1961) 18117.

[37] *Shinohara, Y.,* und *Mukoyama, E.:* Eigenschaften von Fäden aus Nylon-Pfropfpolymeren. Sen-i Gakkaishi, Japan (J. Soc. Textile Cellulose Ind.) **18** (1962) 6, S. 480—485; ref. in: Chem. Abstr. **58** (1963) 1573.

[38a] *Odian, G. G., Rossi, A.,* und *Klein, R.:* Radiation induced graft polymerization of styrene to nylon. J. amer. chem. Soc., Div. Polymer Chem., Preprints **1** (1960) 2, S. 327—331; ref. in: Chem. Abstr. **57** (1962) 7456.

[b] *Odian, G. G., Sobel, M., Klein, R.,* und *Acker, T.:* Acceleration effect of additives on radiation-induced graft copolymerization. U.S. Atomic Energy Comm. NYO-2530 (1961), 71 S.; ref. in: Chem. Abstr. **56** (1962) 4929.

[c] *Odian, G. G., Acker, T., Ratchik, E., Sobel, M.,* und *Klein, R.:* Acceleration effect of additives on radiation-induced graft copolymerization. U.S. Atomic Energy Comm. RAI-301 (1962), 54 S.; ref. in: Chem. Abstr. **57** (1962) 13979.

[d] *Odian, G. G.,* und *Acker, T.:* Accelerative effects in radiation-induced graft copolymerization. U.S. Atomic Energy Comm. TID-7643 (1962) S. 233—244; ref. in: Chem. Abstr. **58** (1963) 6939.

[39] *Odian, G. G., Acker, T.,* und *Sobel, M.:* Accelerative effects in radiation-induced graft copolymerization. J. appl. Polymer Sci. **7** (1963) S. 245—250.

[40] *Odian, G. G., Sobel, M., Rossi, A., Klein, R.,* und *Acker, T.:* Radiation-induced graft polymerization of styrene to nylon. J. Polymer Sci., A-1: Polymer Chem. **2** (1963) S. 639—654.

[41] *Sakurada, I., Okada, T.,* und *Torikai, S.:* Radiation-induced graft copolymerization of styrene onto nylon 6. Kobunshi Kagaku, Japan (Chem. High Polymers) **18** (1961) 197, S. 550—556; ref. in: Chem. Abstr. **59** (1963) 14113.

[42] *Dasgupta, S., Slobodian, J. T.,* und *Rowat, D. L.:* Radiation-induced graft copolymerization of styrene and nylon. Amer. Dyestuff Rep. **51** (1962) S. 235—246.

[43] *Armstrong, A.,* und *Rutherford, H. A.:* Modification of textile fiber properties by γ-radiation. U.S. Atomic Energy Comm. NCSC 2477 (1961) 99 S.; ref. in: Chem. Abstr. **57** (1962) 12749.

[44] *Armstrong, A., Walsh, W. I.,* und *Rutherford, H. A.:* Modification of textile fiber properties by radiation-induced graft copolymerisation. U.S. Atomic Energy Comm. NCSC 2477-11 (1963), 132 S.; ref. in: Chem. Abstr. **61** (1964) 14839.

[45] *Kurilenko, A. I., Smetanina, L. V., Alexandrova, L. B., Schirjajeva, G. G.,* und *Karpov, V. L.:* Modifizierung der Oberflächeneigenschaften von Kapronfasern durch Aufpfropfen von Polystyrol. Dokl. Akad. Nauk SSSR (Ber. Akad. Wiss. UdSSR) **156** (1964) S. 372—374.

[46] *Kurilenko, A. I., Smetanina, L. V., Alexandrova, L. B.,* und *Karpov, V. L.:* Untersuchung des Pfropfungsvorganges von Styrol auf Kapron- und Lavsan-Faserstoffe. Vysokomol. Soed. (Hochmol. Verbind.) **7** (1965) 11, S. 1935—1940.

[47] *Kurilenko, A. I., Alexandrova, L. B.,* und *Smetanina, L. V.:* Einfluß einer Pfropfung mit Styrol auf die Oberflächeneigenschaften von Polycaproamid- und Polyäthylenterephthalatfasern. Vysokomol. Soed. (Hochmol. Verbind.) **8** (1966) 7, S. 1164—1168; dt. in: Sowj. Beitr. Faserforsch. Textiltechnik **3** (1966) 7, S. 570—573.

[48] *Tikhomirov, V. B., Gusev, V. E.,* und *Kurilenko, A. I.:* Untersuchung strukturmechanischer Eigenschaften von Klebvliesstoffen. Strahleninitiiertes Pfropfen von Polystyrol auf Kapronfasern und der Einfluß auf die Adhäsion des Polystyrols. Izv. vysšich uč. Zav., Technol. tekstil. Prom. (Hochschulnachr. Technol. Textil-Ind.) **2** (1966) S. 105—107; dt. in: Sowj. Beitr. Faserforsch. Textiltechnik **3** (1966) S. 609—610.

[49] *Davies, A. G.:* Radiation-induced graft copolymerization onto nylon and cotton fabrics. Textile Inst. Ind. **4** (1966) 1, S. 11—15.

[50] Radiation-induced graft copolymerization of fibers and fabrics. Atomic Energy of Canada Ltd. GBP 1039444 vom 17. 8. 1966.

[51] *Heger, A.:* Textilmikroskopische Untersuchungen an strahlenchemisch modifizierten Faserstoffen. Faserforsch. u. Textiltechnik **17** (1966) 10, S. 439—444.

[52] *Heger, A.:* Beitrag zum Studium der durch ^{60}Co-γ-Strahlen in festem, fadenförmigem Polyamid 6 (DEDERON-Monofil) induzierten Veränderungen. Dissertation, Fakultät für Technologie der Technischen Universität Dresden 1964.
—: Zur Eigenschaftsbeeinflussung von Polyamidfaserstoffen durch energiereiche Strahlen. Teil 1: Grundlegende Betrachtungen. Probenmaterial, Bestrahlungsbedingungen und Auswertmethoden. Teil 2: Versuchsergebnisse. Isotopenpraxis **1** (1965) 2, S. 71—78; 3, S. 110—122.

[53] *Charlesby, A.:* Effects of high energy radiation on long chain polymers. Nature, London **171** (1953) S. 167.

[54] *Lawton, E. I., Beuche, A. M.,* und *Balwit, I. S.:* Irradiation of polymers by high-energy electrons. Nature, London **172** (1953) S. 76—77.

[55] *Gütlbauer, F., Proksch, E.*, und *Bildstein, H.*: Strahlenchemische Veredlung von Textilfasern. Österr. Chemiker-Ztg. **67** (1966) 2, S. 35–41.

[56] *Grohn, H.*, und *Oprea, C. V.*: Mechanochemische Synthese von einigen Polyamiden, die mit flüssigen Monomeren gepfropft wurden. Rev. Roumaine Chim. **11** (1966) 11, S. 1297–1313; ref. in: Chem. Abstr. **66** (1967) 76368.

[57] *Bamford, C. H., Duncan, F. I., Reynold, R. I. W.*, und *Seddon, I. D.*: A new technique for polymer grafting. J. Polymer Sci., C: Polymer Symposia **23** (1968) S. 419–432.

[58] *Balassa, A.*, und *Vrsalovic, A.*: Produccion de una Poliamida parcialmente Hidrofilizada. Galaxia, Buones Aires **26** (1969) S. 59–63.

[59] Graft copolymerizing an unsaturated organic acid or salt onto a nitrogen-containing substrate. Du Pont. USP 3090664 vom 31. 3. 1958; ref. in: Chem. Abstr. **59** (1963) 4136.

[60] Neue Fadengebilde und Verfahren zu ihrer Herstellung. Du Pont. FrP 1226024 vom 30. 4. 1959.

[61] Modified polyamides. Du Pont. GBP 872513 vom 17. 12. 1956; ref. in: Chem. Abstr. **59** (1963) 8927.

[62] Nitrogenous condensation polymers, especially nylon. Du Pont. USP 3099631 vom 30. 7. 1963; ref. in: Chem. Abstr. **60** (1964) 9410.

[63] Graft copolymerization of a vinyl monomer to a polymeric substrate by low-temperature irradiation. Du Pont. USP 3088791 vom 6. 2. 1959; ref. in: Chem. Abstr. **59** (1963) 1794.

[64] Pfropfpolymerisation. Nippon Reyon KK., UJI. JaP 11390/1965 vom 7. 12. 1961; ref. in: Chem. Zbl. **46** (1967) 2867.

[65] Ethylenic modification of branched-chain polyamides. National Destillers and Chemical Corp. USP 3061582 vom 9. 7. 1959; ref. in: Chem. Abstr. **58** (1963) 8099.

Eingegangen am 22. April 1970

Patentschau

Auszug aus der Lieferung 1/2 und 3/4/1970 der Patentschau „Faserstoffe und Textiltechnik", Ausgabe A: Faserstoffe einschl. Kunststoffe und organ. Grundsubstanzen, zusammengestellt von der Abteilung Wissenschaftliches Berichtswesen des Instituts für Faserstoff-Forschung der DAW, 153 Teltow-Seehof, Kantstr. 55

Die Patentschau ist nach der deutschen Patentklasseneinteilung gegliedert. Es bedeuten: DDP = DDR-Patent; DBP = Deutsches Bundespatent; DAS = (West)-Deutsche Auslegeschrift; DOS = (West)-Deutsche Offenlegungsschrift; OeP = Österreichisches Patent; PoP = Polnisches Patent; SzP = Schweizer Patent; FrP = Französisches Patent; GBP = Britisches Patent; JaP = Japanisches Patent; SvP = Schwedisches Patent; SUP = Sowjetisches Patent; ČSP = Tschechoslowakisches Patent; USP = Amerikanisches Patent; A = Anmeldedatum, B = Tag der Ausgabe der Patent- bzw. Auslegeschrift.

Klasse 12o, 14. Aromatische Carbonsäuren und Harzsäuren (teilweise)

DOS 1518908. Verfahren und Vorrichtung zur kontinuierlichen Herstellung von sich zur Polykondensation und Polymerisation eignenden Verbinddungen durch Reaktion ihrer Ausgangsstoffe, insbesondere durch Verestern dibasischer Säuren und Glykole oder durch Umestern von Estern aromatischer Di-Carbonsäuren mit Glykolen. Erf.: *Horst Rothert* u. *Frederico Urgesi*. Anm.: Karl Fischer, Apparate- u. Rohrleitungsbau. 1000 Berlin; u. Chatillon Soc. An. Italiana per le Fibre Tessili Artificiali S. p. A., Mailand (It). A. 23. 12. 65, O. 19. 6. 69. Kl.: 12o, 14. A.-Z.: P 1518908 (F 47986). Prior: 15. 1. 65 (It; A.-Z.: 813 u. 815). Entspr. FrP 1461113.

Klasse 12o, 21. Carbonsäuren mit ungesättigter Atomkette, z. B. Zimtsäure (teilweise)

USP 3471545. Katalytisches Verfahren zur Herstellung von Acrylnitril oder Methacrylnitril. Erf.: *Nicola Giordana, Enrico Cavaterra* u. *Vittorio Fattore*. Inh.: Montecatini Edison S. p. A., Mailand (It). A. 19. 12. 66, B. 7. 10. 69. Kl.: 260–465, 3, Int. Kl.: C 07c 121/04 u. B 01j 11/06 3 Anspr. A.-Z.: 602500. Prior.: 24. 12. 65 u. 7. 7. 66 (It; A.-Z.: 15693/65 u. 28595/65). Entspr. SzP 478766 u. FrP 1505213.

USP 3462477. Verfahren zur Reinigung von Acrylnitril. Erf.: *Giorgio Caporali, Guiseppe Barberis, Natale Ferlazzo* u. *Vittorio Penzo*. Inh.: Montecatini Edison S. p. A., Mailand (It). A. 27. 4. 66, B. 19. 8. 69. Kl.: 260–465, 3, Int. Kl.: C 07c 121/32 u. 121/02. 5 Anspr. A.-Z.: 545618. Prior.: 4. 5. 65 (It; A.-Z.: 10029/65). Entspr. DDP 55943.

Klasse 12p, 5. Stickstoffringe der heterocyclischen Reihe mit einem Stickstoffatom. Sonstige Ringe mit einem Stickstoffatom ...; Lactame ... (teilweise)

OeP 278734. Verfahren zur Reinigung von Caprolactam. Inh.: Snia Viscosa Soc. Nazionale Industria Applicazioni Viscosa S. p. A., Mailand. A. 18. 7. 67, B. 15. 6. 69. Kl.: $12e_1$, 13. A.-Z.: 6697/67. Prior.: 27.7.66 (It; A.-Z.: 17414/66).

Klasse 29a. Mechanische Gewinnung von Gespinstfasern

DOS 1435415. Verfahren und Vorrichtung zur kontinuierlichen Herstellung von Fasern und Fäden aus linearen Polyestern. Erf.: *Hermann Amrehn* u. *Hans-Ernst Zobel*. Anm.: Chemische Werke Hüls AG, 4370 Marl. A. 12. 8. 64, O. 7. 8. 69. Kl.: 29a, 6/06. A.-Z.: P 1435415 (C 33618). Entspr. SzP 446607, FrP 1455264 u. GBP 1112445.

JaP 21167/69. Mikrofaden. Inh.: Sakai Fibre Industry Co. Ltd. A. 28. 6. 66, B. 10. 9. 69. A.-Z.: 42034/66.

GBP 1166663. Verfahren und Vorrichtung zur Herstellung von Multikomponentenfäden und Seiden aus solchen Fäden. Inh.: Algemene Kunstzijde Unie N. V. A. 6. 10. 66, B. 8. 10. 69. Kl.: B5.B, Int. Kl.: D 01d 1/06. A.-Z.: 44738/66. Prior.: 6. 10. 65 (Nd; A.-Z.: 6512919).

GBP 1166244. Fadenerhitzer. Inh.: Ernest Scragg & Sons Ltd. A. 1. 3. 66, B. 8. 10. 69. Kl.: D1. F, Int. Kl.: D 02j 13/00. A.-Z.: 9040/66. Entspr. SzP 464432, FrP 1515331 u. USP 3421192.

GBP 1171027. Spinndüsenplatten zur Herstellung von Fäden mit nichtkreisförmigem Querschnitt und die damit hergestellten Fäden. Inh.: Snam Progetti S. p. A. A. 10. 7. 67, B. 19. 11. 69. Kl.: B5.B, Int. Kl.: D 01d 3/00. A.-Z.: 31727/67. Prior.: 11. 7. 66 (It; A.-Z.: 773531). Vgl. auch GBP 1171028 u. GBP 1153543. Entspr. FrP 1537065 u. FrP 1537066.

GBP 1171028. Spinndüsenplatten zur Herstellung von Fäden mit nichtkreisförmigem Querschnitt und die damit hergestellten Fäden. Inh.: Snam Progetti S. p. A. A. 10. 7. 67, B. 19. 11. 69. Kl.: B5.B, Int. Kl.: D 01d 3/00. A.-Z.: 17075/69 (ausgesch. aus GBP 1171027). Prior.: 11. 7. 66 (It; A.-Z.: 773531). Vgl. auch GBP 1153543 u. GBP 1171027. Entspr. FrP 1537065 u. FrP 1537066.

OeP 279032. Einrichtung zur Beimischung z. B. einer Pigmentsuspension zu einer Spinnflüssigkeit. Inh.: M. V. Onderzoekingsinstituut Research, Arnhem (Nd). A. 13. 4. 66, B. 15. 6. 69. Kl. 29a, 7/10. A.-Z.: 3502/66. Prior.: 14. 4. 65 (Nd; A.-Z.: 65.04738).

USP 3469384. Fadenaufheizvorrichtung. Erf.: *Nicholas J. Stoddard* u., *Robert W. Stoddard*. Inh.: Leesona Corp., R.I. Warwick, A. 8. 8. 67 B. 30. 9. 69. Kl.: 57–34, Int. Kl.: D 01h 13/26 u. D 02g 3/02. 43 Anspr. A.-Z.: 659181.

USP 3470594. Verfahren zur Herstellung von synthetischer Seide. Erf.: *Charles W. Kim*. Inh.: Hercules Inc., Wilmington, Del. A. 30. 3. 67, B. 7. 10. 69. Kl.: 28–72, Int. Kl.: D 02g 3/34 u. 1/16. 2 Anspr. A.-Z.: 627104. Vgl. auch USP 3470685, S. 116/70. Entspr. FrP 1573122 u. GBP 1158815.

USP 3470595. Herstellung von Fasern. Erf.: *Johan M. Goppel*. Inh.: Shell Oil Co., New York, N. Y. A. 28. 7. 67, B. 7. 10. 69. Kl.: 28–72, Int. Kl.: D 04h 17/00 u. D 05c 15/00. 8 Anspr. A.-Z.: 656663. Prior.: 29. 7. 66 (Nd; A.-Z.: 6610696). Entspr. FrP 1542610 u. GBP 1159216.

Klasse 29b. Chemische Gewinnung bzw. Herstellung von Spinnfasern und Fäden sowie ihre Präparation für die textile Weiterverarbeitung

JaP 21171/69. Konjugierte gekräuselte Polyesterseide. Inh.: Toyo Rayon Co. Ltd. A. 6. 3. 67, B. 10. 9. 69. A.-Z.: 13781/67.

GBP 1166251. Carbonisierbare Faserstoffe. Kohlenstoff-Faserstoffe und deren Herstellung. Inh.: National Research Development Corp. A. 2. 7. 65, B. 8. 10. 69. Kl.: C1.A, Int. Kl.: C 01b 31/07. A.-Z.: 28108/65.

GBP 1166247. Stranggefärbte Seiden. Inh.: Imperial Chemical Industries Ltd. A. 27. 5. 66, B. 8. 10. 69. Kl.: D1.W, Int. Kl.: D 02g 3/04. A.-Z.: 23791/66.

USP 3462297. Mittels Säurenebel stabilisierter Elastomerfaserstoff. Erf.: *Bertie J. Reuben, Harold D. Kay, Julian J. Hirshfeld* u. *Earl H. Hartgrove jr.* Inh.: Monsanto Co., St. Louis, Mo. A. 25. 8. 66, B. 19. 8. 69. Kl.: 117–138, 8, Int. Kl.: B 44d 1/22 u. C 08g 22/04. 4 Anspr. A.-Z.: 574898.

JaP 21170/69. Polyesterseide. Inh.: Toyo Rayon Co. Ltd. A. 21. 9. 66, B. 10. 9. 69. A.-Z.: 61912/66.

GBP 1171263. Konditionierung von Polyamidfäden mit Dampf. Inh.: E. I. du Pont de Nemours & Co. A. 6. 6. 68, B. 19. 11. 69. Kl.: B5.B, Int. Kl.: D 01f 7/06. A.-Z.: 27033/68.

Klasse 32a, 37/00. Herstellung von Fasern oder Fäden aus flüssigem Glas, flüssigen Mineralien oder flüssiger Schlacke

DOS 1496048. Verfahren und Vorrichtung zur Herstellung anorganischer, gekürzter Fasern, insbesondere aus Glas. Erf.: *Herbert Flemming* u. *Gerhard Kühne*. Anm.: VEB Glasfaserwerk Steinach, Steinach/Thür. A 12. 4. 65, O. 7. 8. 69. Kl.: 32a, 37/00 (29a, 6/30). A.-Z.: P 1496048 (V 28264).

DAS 1301019. Anordnung von Düsenröhrchen an einer Vorrichtung zur gleichzeitigen kontinuierlichen Erzeugung einer Vielzahl von Fäden aus in der Hitze plastischen, mineralischen Stoffen, insbesondere Glas. Erf. u. Anm.: *Werner H. W. Schuller*, 8022 Grünwald. A. 6. 12. 63, B. 14. 8. 69. Kl.: 32a, 37/08. A.-Z.: P 1301019 (Sch 39527).

Klasse 32b. Chemische Zusammensetzung von Gläsern, Glasuren oder Emails; Oberflächenbehandlung von Glas; Verbinden von Glas mit Glas oder anderen Stoffen

USP 3471322 Zus. z. Pat. m. A.-Z.: 493199. A. 5. 10. 65. Verfahren und Vorrichtung zum Aufwinden von Fäden. Erf.: *Jonas Medney*. Inh.: Koppers Co. Inc. A. 18. 4. 67, B. 7. 10. 69. Kl.: 117–115, Int. Kl.: B 05c 3/02 u. C 23c 13/00. 2 Anspr. A.-Z.: 631642.

Klasse 39b. Makromolekulare Verbindungen; ihre Herstellung und chemische Verarbeitung; Massen auf der Grundlage derartiger Verbindungen
39b1. Polysaccharide und deren Derivate

SzP 481147. Verfahren zur kontinuierlichen Sulfidierung von Alkalicellulosen. Erf.: *Werner Meister* u. *Horst Pilch*. Inh.: Ing. A. Maurer S. A., Dammweg 3, Bern; u. Buss AG, Freie Straße 107, Basel. A. 10. 11. 67. Int. Kl.: C 08b 9/00. A.-Z.: 15706/67. Entspr. DOS 1807626.

FrP 1582663. Verfahren zur kontinuierlichen Sulfurierung von Alkalicellulose. Inh.: Ing. A. Maurer S. A.; u. Buss AG. A. 23. 8. 68, B. 3. 10. 69. Int. Kl.: C 08b. A.-Z.: 163969.

DOS 1543114. Verwendung von Schneckenpressen der Bauart Mapré bei der Herstellung von Alkalicellulose und Celluloseäthern. Erf.: *Franz Eichenseer* u. *Hans Kletschke*. Anm.: Kalle AG, 6202 Wiesbaden-Biebrich. A. 6. 5. 65. O. 31. 7. 69. Kl.: 39b1, 17/06. A.-Z.: P 1543114 (K 56022). Entspr. FrP 1484825 u. GBP 1111203.

DOS 1468914. Verfahren zum kontinuierlichen Ausfällen eines Esters der Zellulose aus seiner Lösung und Vorrichtung zur Durchführung dieses Verfahrens. Erf.: *Guiseppe Garetto* u. *Clemente Canciani*. Anm.: Società Rhodiatoce S. p. A., Mailand (It). A. 19. 5. 65, O. 24. 7. 69. Kl.: 39b1, 29/03. A.-Z.: P 1468914 (R 40679). Prior.: 18. 2. 65 (It; A.-Z.: 1420).

39b 4, 1/00. Polymerisationsverfahren

DOS 1520950. Verfahren zur Entfernung von Katalysatorresten aus Polymerisaten. Erf.: *Reinier Jozef Lambertus Graff* u. *Jan Jacob van der Zwaard*. Anm.: Stamicarbon N. V., Heerlen (Nd). A. 29. 10. 62, O. 19. 6. 69. Kl.: 39b4, 1/97. A.-Z.: P 1520950 (St 19904). Prior.: 31. 10. 61 (Nd; A.-Z.: 270879). Entspr. GBP 1019382.

DOS 1495474. Verfahren zur Polymerisationshemmung und polymerisationshemmendes Polymerisat. Erf.: *Werner Louis Jablonski* u. *Charles Eugene Colby*. Anm.: The Dow Chemical Co., Midland, Mich. (US). A. 3. 10. 63, O. 17. 7. 69. Kl.: 39b4, 1/82. A.-Z.: P 1495474 (D 42627).

DOS 1520176. Verfahren zur Herstellung von Polymerisaten. Erf.: *Bernard Rudner* u. *St. George Achorn*. Anm.: Koppers Co. Inc., Pittsburgh, Pa. (US). A. 22. 12. 62, O. 3. 7. 69. Kl.: 39b4, 1/80. A.-Z.: P 1520176 (K 48557).

DOS 1800327. Verfahren zur Polymerisation olefinischer Verbindungen. Erf.: *Wolfgang Edl*, *Heinz Wilhelm Meyer* u. *Wolfgang Schmid*. Anm.: Elektrochemische Werke München AG, 8021 Höllriegelskreuth. A. 1. 10. 68, O. 10. 7. 69. Kl.: 39b4, 1/60. A.-Z.: P 1800327. Prior.: 28. 12. 67 (Nd; 6717760).

DAS 1292378. Verfahren zum Aufarbeiten von Dispersionen der Poly-α-olefine. Erf.: *Kurt Benedikter*, *Heinrich Weber* u. *Bernd Thier*. Anm.: Chemische Werke Hüls AG, 4370 Marl (DB). A. 25. 11. 59, B. 10. 4. 69. Kl.: 39b4, 1/88. A.-Z.: P 1292378 (C 20239).

DAS 1292379. Verfahren zur Aufarbeitung von Niederdruck-Polyolefinen. Erf.: *Albert Frese*. Anm.: Chemische Werke Hüls AG, 4370 Marl (DB). A. 12. 6. 59, B. 10. 4. 69. Kl.: 39b4, 1/97. A.-Z.: P 1292379 (C 19196).

OeP 277950. Verfahren zur Entfernung von hauptsächlich anorganischen Verunreinigungen aus Polyäthylen oder Olefincopolymerisaten. A. 16. 1. 68, B. 15. 5. 68. Kl.: $12e_1$, 4. A.-Z.: 432/68. Prior.: 18. 1. 67 (DB).

SzP 479632. Verfahren zur Herstellung von Homo- oder Copolymeren aus äthylenisch ungesättigten fluorierten Monomeren. Erf.: *Giancarlo Borsini*, *Mario Modena*, *Carlo Nicora* u. *Mario Ragazzini*. Inh.: Montecatini Edison S. p. A., Foro Bonaparte 31, Mailand (It). A. 4. 10. 66.

SzP 480375. Verfahren zur Herstellung eines Polymeren durch Polymerisation einer ungesättigten Verbindung. Erf.: *Toshio Ohfuka*, *Shirode Katsumi* u. *Yashushi Ichikawa*. Inh.: Asahi Kasei Kogyo Kabushiki Kaisha, 25-1, Dojihanamadori-1-chome, Kita-ku, Osaka (Ja). A. 24. 1. 67. Int. Kl.: C 08f 1/74 u. C 08f 3/76. A.-Z.: 1044/67.

JaP 19251/69. Copolymerisation von Tetrafluoräthylen und Äthylen. Inh.: Zaidanhojin Kogyo Kaihatsu Kenkyusho. A. 19. 5. 65, B. 21. 8. 69.

JaP 19539/69. Katalysator. Inh.: Mitsubishi Petrochemical Co. Ltd. A. 21. 10. 65, B. 23. 8. 69. A.-Z.: 64227/65. Entspr. GBP 1109944.

SUP 253361 (Urheberschein). Kontinuierliches Verfahren zur Abtrennung von Polymeren mit Kohlenstoffkette. Erf.: *A. V. Zlatogurskij*, *I. V. Garmonov*, *B. V. Mamontov*, *D. R. Mnuškina*, *L. G. Andrianova* u. *T. G. Jakovleva*. A. 22. 7. 68, B. 30. 9. 69. Kl.: 39b4, 1/92. A.-Z.: 1260689/23–5.

USP 3461110. Verfahren zur Herstellung von Polyolefinen. Erf.: *Billy. D. Rice* u. *William P. Stadig*. Inh.: Petro-Tex Chemocal Corp., Houston, Tex. A. 2. 6. 65, B. 12. 8. 69. Kl.: 260–93, 7, Int. Kl.: C 08f 1/32 u. 1/08. 16 Anspr. A.-Z.: 460850. Entspr. FrP 1481 776 u. GBP 1153781.

DOS 1495013 Zus. z. Anm. 145208. Verfahren und Katalysator zum Polymerisieren von α-Olefinen. Erf.: *John Arthur Price*. Anm.: Avisun Corp., Philadelphia, Pa. (US). A. 9. 8. 62, O. 12. 6. 69. Kl.: 39b4, 3/02. A.-Z.: P 1495013 (A 40910).

DOS 1495477. Verfahren zur kontinuierlichen Polymerisation in der Dampfphase von Tetrafluoräthylen. Erf.: Tominaga, Kenichi; Kormo, Tetsuya Ikeda. Anm.: Daikin Kogyo Co. Ltd., Osaka (Ja). A. 13. 11. 63, O. 12. 6. 69. Kl.: 39b4, 3/24. A.-Z.: P 1495477 (D 42928). Prior.: 13. 11. 62 (Ja A.-Z.: 49781 u. 49782).

DOS 1520041. Verfahren zur Reinigung von Polyolefinen. Erf.: *Günther Keller †* u. *Werner Kellner*. Anm.: Hibernia-Chemie GmbH, 4680 Wanne-Eickel, A. 6. 6. 61, O. 10. 7. 69. Kl.: 39b4, 3/02. A.-Z.: P 1520041 (H 42785). Entspr. GBP 1010302.

DOS 1570337. Verfahren zum Aufarbeiten von Niederdruckpoly-α-olefin-Dispersionen. Erf.: *Albert Frese*. Anm.: Chemische Werke Hüls AG, 4370 Marl. A. 24. 2. 65, O. 10. 7. 69. Kl.: 39b4, 3/02. A.-Z.: P 1570337 (C 35162). Entspr. FrP 1468240 u. GBP 1130486.

DAS 1294012. Verfahren zur Polymerisation von ungesättigten Kohlenwasserstoffen. Erf.: *Giulio Natta*, *Giorgio Mazzanti* u. *Paolo Longi*. Anm.: Montecatini Soc. Gen. per l'Industria Mineraria e Chimica, Mailand (It); u. Dr. Dr. e.h. Karl Ziegler, 4330 Mülheim (DB). A. 12. 7. 58, B. 30. 4. 69. Kl.: 39b4, 3/02. A.-Z.: P 1294012 (M 38259). Prior.: 12. 11. 57 (It; A.-Z.: 16169). Entspr. SvP 207102.

DAS 1294654. Verfahren zur Polymerisation von α-Olefinen. Erf.: *Gerlando Marullo*, *Alessandro Baroni* u. *Umberto Maffozzoni*. Anm.: Montecatini Soc. Gen. per l'Industria Mineraria e Chimica, Mailand (It); u. Dr. Dr. e. h. Karl Ziegler, 4330 Mülheim (DB). A. 22. 12. 58, B. 8. 5. 69. Kl.: 39b4, 3/02. A.-Z.: P 1294654 (M 40019). Prior.: 23. 12. 57 (It; A.-Z.: 18328). Entspr. SzP 383629 u. SvP 216351.

DAS 1295814. Verfahren zur Herstellung von Polypropylen. Erf.: *Yoshio Tsunoda*, *Yuji Kobayashi*, *Itsuho Aishima*, *Yukichi Takashi* u. *Sumio Fujimoto*. Anm.: Asahi Kasei Kogyo Kabushiki Kaisha, Osaka (Ja). A. 28. 6. 61, B. 22. 5. 69. Kl.: 39b4, 3/10 (39b4, 1/56, 39b4, 29/02). A.-Z.: P 1295814 (A 37755). Prior.: 29. 6. 60 u. 25. 4. 61 (Ja; A.-Z.: 29395 u. 14219). Entspr. GBP 945704 u. USP 3207734.

OeP 278357. Verfahren zur Polymerisation von Vinylchlorid. Erf.: *Lo Sergio Monaco*, *Corrado Mazzolini*, *Luigi Patron* u. *Alberto Moretti*. Inh.: „Chatillon" S. A., Italiana per le Fibre Tessili Artificiali S. p. A., Mailand. A. 25. 9. 67, B. 15. 5. 69. Kl.: 39b, 14. A.-Z.: 8701/67. Prior.: 24. 9. 66 (It).

SzP 479635. Verfahren zur Polymerisation von Äthylen in einem kontinuierlichen Rohr. Erf.: *Enrico M. Cernia*, *Natale Ercoli Malacari*, *Guido Magnani*, *Corrado Mancini* u. *Walter Sbrolli*. Inh.: Asfalti, Bitumi, Cementi & Derivati S. p. A., Via Lombaria 31, Rom (It). A. 20. 11. 67. Int. Kl.: C 08f 3/04. A.-Z.: 16174/67. Prior.: 23. 11. 66 (It; A.-Z.: 43050/A/66). Entspr. FrP 1548737.

FrP 1581975. Verfahren zum Abbrechen der Polymerisation von Acrylnitril. Inh.: Chatillon Società An. Italiana per le Fibre Tessili Artificiali S. p. A.; u. ACSA-Applicazioni Chimische S. p. A. A. 1. 10. 68, B. 19. 9. 69. Int. Kl.: C 08f. A.-Z.: 168260. Prior.: 6. 10. 67 (It; A.-Z.: 21313 A/67).

SUP 252 608 (Urheberschein). Verfahren zur Herstellung von Polymeren mit einem System von konjugierten Bindungen. Erf.: *Ju. G. Krjažev*, *V. B. Petrinska*, *E. P. Timofeeva*. Anm.: Irkutskij Institut organičeskoj Chimii Sibirskogo Otdelenija AN SSSR. A. 21. 6. 68, B. 22. 9. 69. Kl.: 39c, 20/01. A.-Z.: 1250926/23–5.

DDP 69926. Verfahren zur Herstellung direkt verspinnbarer Lösungen von Acrylnitril-Vinylidenchlorid-Copolymeren. Erf. u. Inh.: *Gerhard Siegemund*, *Joachim Aurich*, *Eberhard Peter* u. *Horst Brandt*. Premnitz. A. 24. 1. 68, B. 20. 11. 69. Kl.: 39c, 25/01. A.-Z.: WP 39c/129780.

DOS 1495822. Verfahren zur Herstellung von Mischpolymerisaten aus Vinylestern und Äthylen. Erf.: *Alfred Kühlkamp* u. *Leonhard Reihs*. Anm.: Farbwerke Hoechst AG vorm. Meister Lucius & Brüning, 6230 Frankfurt-Höchst. A. 18. 7. 64, O. 4. 6. 69, Kl.: 39b4, 15/02. A.-Z.: P 1495822 (F 43493). Entspr. FrP 1441939 u. GBP 1102746.

DOS 1809742. Verfahren zur Herstellung wäßriger Emulsionen eines willkürlich verteilten Copolymeren aus den Monomeren Vinylacetat und Acrylamid. Erf.: *Raymond Lanthier* u. *Lorenzo Quellet*. Anm.: Shawinigan Chemicals Ltd., Montreal, Quebec (Ca). A. 19. 11. 68, O. 10. 7. 69. Kl.: 39b4, 15/02. A.-Z.: P 1809742. Prior.: 6. 12. 67 (Ca; A.-Z.: 006964).

USP 3467642. Verfahren zur Herstellung von mit chromogenen und fluoreszierenden Substanzen verbundenen Polymeren. Erf. u. Inh.: *Shojiro Horiguchi*, 965 Shimohoya, Hoyamachi, Kitatama-gun, Tokio; u. *Michiei Nakamura*, 156, 5-chome, Motobuto-cho, Saitama-ken, Urawashi (Ja). A. 28. 12. 65, B. 16. 9. 69. Kl.: 260–141, Int. Kl.: C 07c 113/04. C 08f 15/42 u. C 09b 57/00. 7 Anspr. A.-Z.: 517080. Prior.: 29. 12. 64 (Ja; A.-Z.: 39/74 160). Entspr. GBP 1142504.

DAS 1292858. Verfahren zur Herstellung von lineare Peroxydgruppen enthaltenden Copolymeren. Erf.: *Nicolaas Jozef Henricus Gulpen*. Anm.: Kononklijke Industrieele Maatschappij Noury & van der Lande N. V., Deventer (Nd). A. 24. 10. 64, B. 17. 4. 69. Kl.: 39b4, 25/00. A.-Z.: P 1292858 (K 54348). Prior.: 25. 10. 63 (Nd; A.-Z.: 299793). Entspr. FrP 1414172 u. GBP 1041088.

FrP 1580310. Verbesserungen von Verfahren zur Herstellung von Vinylpolymeren. Inh.: Organsko Hemijska Industrija „Naum Naumovski Borge". A. 21. 6. 68, B. 5. 9. 69. Int. Kl.: C 08f. A.-Z.: 156002. Prior.: 11. 12. 67 (Ju; A.-Z.: 2425/67 u. 2426/67).

DOS 1495774. Verfahren zur Herstellung von Pfropfmischpolymerisaten. Erf.: *Gerhard Kühne*. Anm.: Farbwerke Hoechst AG vorm. Meister Lucius & Brüning, 6230 Frankfurt-Höchst. A. 8. 2. 64, O. 4. 6. 69. Kl.: 39b4, 27/00. A.-Z.: P 1495774 (F 41958). Entspr. FrP 1426476 u. USP 3453195.

DOS 1495792. Verfahren zur Chlormethylierung und Vernetzung von hochmolekularen, aromatischen Verbindungen. Erf.: *Herbert Corte* u. *Otto Netz*. Anm.: Farbenfabriken Bayer AG, 5090 Leverkusen. A. 11. 4. 64, O. 3. 7. 69. Kl.: 39b4, 27/00. A.-Z.: P 1495792 (F 42598). Entspr. FrP 1450489 u. GBP 1027948.

DOS 1495797 Zus. z. Anm. 1495706. Verfahren zur Herstellung von vernetzten Polymerisaten. Erf.: *A. Kühlkamp*, *Ehrenfried Nischwitz* u. *Leonhard Bütschli*. Anm.: Farbwerke Hoechst AG vorm. Meister Lucius & Brüning, 6230 Frankfurt-Höchst. A. 5. 5. 64, O. 3. 7. 69. Kl.: 39b4, 27/08. A.-Z.: P 1495797 (F 42796). Entspr. FrP 88008 u. GBP 1103512.

DOS 1570348. Verfahren zur Herstellung von tert.-Butylgruppen enthaltendem Polystyrol. Erf.: *Josef Dasch* u. *Anton Schick*. Anm.: Chemische Werke Hüls AG, 4370 Marl. A. 23. 4. 65, O. 10. 7. 69. Kl.: 39b4, 27/00. A.-Z.: P 1570348 (C 35669). Entspr. FrP 1475444.

GBP 1169111. Halogenierung von Vinylpolymeren. Inh.: Montecatini Edison S. p. A. A. 13. 2. 67, B. 29. 10. 69. Kl.: C3.P, Int. Kl.: C 08f 27/02, A.-Z.: 6854/67. Prior.: 16. 2. 66 (It; A.-Z.: 3395). Entspr. SzP 478160 u. FrP 1511458.

SUP 253354 (Urheberschein). Verfahren zur Herstellung eines Thermo- und Photostabilisators für Polymere. Erf.: *L. N. Smirnov*, *V. M. Charitonov*, *V. K. Murav'ev*, *E. Ja. Ostanina*, *V. A. Prazdnikova*, *L. A. Pakšver*, *V. R. Visnapu* u. *T. K. Gribina*. Anm.: Vsesojuznyj naučno-issledovatel'skij Institut sintetičeskich Volokon. A. 10. 8. 66, B. 30. 9. 69. Kl.: 39b4, 27/00 (39b5, 20/12). A.-Z.: 1098207/23–5.

DOS 1494912. Stabilisierte Lösungen von Vinylchloridpolymeren und daraus hergestellte Formkörper und Verfahren zu ihrer Herstellung. Erf.: *Corrado Mazzolini* u. *Francesco Denti*.: Anm.: Chaitillon Società An. Italiana per le Fibre Tessili Artificiali S. p. A., Mailand (It). A. 25. 1. 64, O. 3. 7. 69. Kl.: 39b4, 29/18. A.-Z.: P 1494912 (A 45089). Prior.: 30. 1. 63 (It; A.-Z.: 1879). Entspr. FrP 1380317, GBP 1045985 u. USP 3395111.

DOS 1544735. Verfahren zur Vernetzung von Polyolefinen wie Polyäthylen. Erf.: *Erich Behr*, *Rolf Beckmann* u. *Otto Ambros*. Anm.: Dynamit Nobel AG, 5210 Troisdorf. A. 16. 2. 63, O. 17. 7. 69. Kl.: 39b4, 29/02. A.-Z.: P 1544735 (D 40903). Entspr. FrP 1382568 u. GBP 1028235.

DAS 1290712. Gegen den Abbau durch Licht und Wärme stabilisierte Formmassen. Erf.: *Otto Mauz*. Anm.: Farbwerke Hoechst AG vorm. Meister Lucius & Brüning, 6230 Frankfurt-Höchst. A. 15. 1. 66, B. 13. 3. 69. Kl.: 39b4, 29/02 (39b4, 45/58). A.-Z.: P 1290712 (F 48174). Entspr. FrP 1507957 u. GBP 1110741.

DAS 1292392. Verfahren zur Nachbehandlung von Polyvinylalkohol, dessen Mischpolymerisaten oder Derivaten gegen Verfärbung durch Hitzebehandlung. Erf.: *Kozo Fujii* u. *Makoto Shiraishi*. Anm.: Kurashiki Rayon Co. Ltd., Kurashiki City (Ja). A. 3. 7. 59, B. 10. 4. 69. Kl.: 39b4, 29/26 (39b4, 47/22, 29b, 5/06, 8k, 1/08). A.-Z.: P 1292392 (K 38123). Prior.: 23. 4. 59 (Ja; A.-Z.: 12769). Entspr. USP 3198651.

DOS 1544863. Verfahren zur Herstellung von Verbundkörpern aus Kunstseidengeweben und Mischpolymerisaten von Monoolefinen und Diolefinen. Erf.: *Erich Schmidt*, *Alfred Kühlkamp* u. *Hans-Dieter Stemmer*. Anm.: Farbwerke Hoechst AG vorm. Meister Lucius & Brüning, 6230 Frankfurt-Höchst. A. 6. 6. 63, O. 10. 7. 69. Kl.: 39b4, 37/00. A.-Z.: P 1544863 (F 39929). Entspr. FrP 1386665.

DOS 1544865. Elastisch-thermoplastische Mischpolymerisate mit guter Hitze- und Lichtstabilität. Erf.: *Karl-Heinz Ott, Karl-Heinrich Knapp Harry Röhr* u. *Karl Dinges*. Anm.: Farbenfabriken Bayer AG, 5090 Leverkusen. A. 23. 8. 63, O. 10. 7. 69. Kl.: 39b4, 39/00. A.-Z.: P 1544865 (F 40572). Entspr. FrP 1410456.

FrP 1578177 (Aj.). Neue Lösungen auf der Grundlage von kristallinem Polyvinylchlorid. Inh.: Société Rhovil. A. 28. 6. 68, B. 14. 8. 69. Int. Kl.: C 08f. A.-Z.: 157172.

39b 5. Polykondensations- und Polyadditionsprodukte

DOS 1520420. Verfahren zur Polymerisation von niederen aliphatischen Aldehyden. Erf.: *Sadao Yoshioka, Horoshi Kawazura, Ken Noro* u. *Hiroshi Takita*. Anm.: Nippon Gohsei Kagaku Kogyo Kabushiki Kaisha, Osaka (Ja). A. 31. 5. 63, O. 17. 7. 69. Kl.: 39b5, 1/20. A.-Z.: P 1520420 (N 23263). Prior.: 4. 6. 62 (Ja; A.-Z.: 22334 u. 22335). Entspr. GBP 970031 u. USP 3350359

DOS 1520977. Verfahren zur Polymerisation von Formaldehyd in der Dampfphase und Katalysator für die Verwendung in der Dampfphasenpolymerisation von Formaldehyd. Erf.: *Noboru Yamada, Keizo Shimada, Seizaburo Sakakibara, Shigeru Futami, Yutaka Fujita* u. *Michichika Kuwabara*. Anm.: Teikoku Jinzo Kenshi Kabushiki Kaisha, Osaka (Ja). A. 28. 12. 61, O. 3. 7. 69. Kl.: 39b5, 1/02. A.-Z.: P 1520977 (T 21348). Prior.: 28. 12. 60, 19. 4. 61 u. 1. 5. 61 (Ja; A.-Z.: 51009, 13595 u. 15176). Entspr. GBP 950782.

DAS 1295822. Verfahren zur Herstellung von Copolymerisaten des Trioxans. Erf.: *Giulio Natta, Gianfranco Pregaglia, Giorgio Mazzanti* u. *Marco Binaghi*. Anm.: Montecatini Soc. Gen. per l'Industria Mineraria e Chimica, Mailand (It). A. 10. 12. 63, B. 22. 5. 69. Kl.: 39b5, 1/12. A.-Z.: P 1295822 (M 67377). Prior.: 13. 12. 62 (It; A.-Z.: 24331). Vgl. auch DAS 1229298. Entspr. SzP 430216, FrP 1377038, GBP 981008 u. USP 3351613.

FrP 1582098 (Aj.). Verfahren zur Extraktion von nicht polymerisiertem Trioxan aus einer Mischung von Trioxan und Polyoxymethylen. Erf.: *P. Decitre*. Inh.: Société Chimique des Charbonnages S. C. C. A. 10. 6. 68, B. 26. 9. 69. Int. Kl.: C 08g 1/00. A.-Z.: 154351.

USP 3459709. Verfahren zur Stabilisierung von Polyoxymethylenen. Erf.: *Jacob Ackermann* u. *Pierino Radici*. Inh.: Società Italiana Resine S. p. A., Mailand (It). A. 20. 6. 66, B. 5. 8. 69. Kl.: 260–67, Int. Kl.: C 08g 1/24 u. 51/58. 1 Anspr. A.-Z.: 558624. Prior.: 2. 7. 65 (It; A.-Z.: 15394/65). Entspr. FrP 1485966 u. GBP 1093988.

DOS 1495642. Verfahren zur Herstellung neuartiger linearer Polyester. Erf.: *Hermann Schnell, Gerhard Fritz* u. *Ludwig Bottenbruch*. Anm.: Farbenfabriken Bayer AG, 5090 Leverkusen. A. 4. 5. 61, O. 4. 6. 69. Kl.: 39b5, 17/003. A.-Z.: P 1495642 (F 33843). Entspr. SzP 429177, GBP 965309 u. USP 3251805

DAS 1294 019. Verfahren zur Gewinnung von trockenen, nicht verklebten Teilchen aus einem fein verteilten, amorphen, wasserhaltigen Polyester. Erf.: *Gijsbertus Johannes Zoetbrood*. Anm.: Onderzoekingsinstituut Research, N. V., Arnheim (Nd). A. 5. 2. 58, B. 30. 4. 69. Kl.: 39b5, 17/003. A.-Z.: P 1294019 (N 14644). Prior.: 20. 2. 57 (Nd; A.-Z.: 214758).

SzP 479652. Verfahren zur Polymerisation von β-Lactonen in Suspension. Erf.: *Willem Marius Wagner* u. *Arie Klootwijk*. Inh.: Shell Internationale Research Maatschappij N. V., Carel van Bylandtlaan 30, Den Haag (Nd). A. 5. 9. 66, Int. Kl.: C 08g 17/017. A.-Z.: 12796/66. Prior.: 7. 9. 65 (Nd; A.-Z.: 6511630). Entspr. FrP 1491780, GBP 1090527 u. SvP 307673.

DOS 1495669. Verfahren zur Herstellung von Polyamiden. Erf.: *Ivar Ugi*. Anm.: Farbenfabriken Bayer AG, 5090 Leverkusen. A. 15. 3. 62, O. 12. 6. 69. Kl.: 39b5, 20/02. A.-Z.: P 1495669 (F 36282). Entspr. SzP 440707, FrP 1353227, GBP 1033274 u. USP 3277033.

GBP 1168667. Ionische Polymerisation von Lactamen. Inh.: Stamicarbon N. V. A. 20. 7. 67, B. 29. 10. 69. Kl.: C3.R, Int. Kl.: C 08g 20/18. A.-Z.: 33477/67. Prior.: 4. 8. 66 (Nd; A.-Z.: 6610959). Entspr. FrP 1531975.

GBP 1169069. Ionische Polymerisation von Lactamen. Inh.: Stamicarbon N. V. A. 20. 7. 67, B. 29. 10. 69. Kl.: C3.R, Int. Kl.: C 08g 20/18. A.-Z.: 33478/67. Prior.: 4. 8. 66 (Nd; A.-Z.: 6610960). Entspr. FrP 1531976.

JaP 16030/69. Herstellung von Pfropf- oder Blockcopolymeren. Inh.: Toyo Rayon Co. Ltd. A. 10. 5. 65, B. 16. 7. 69. A.-Z.: 81020/65.

SUP 254074 (Urheberschein). Verfahren zur Herstellung von borhaltigen Polyamiden. Erf.: *V. V. Koršak, N. I. Bekasova* u. *L. G. Komarova*. Anm.: Institut elementorganičeskich Soedinenij AN SSSR. A. 26. 7. 68, B. 7. 10. 69. Kl.: 39b5, 20/00. A.-Z.: 1260747/23–5.

DOS 1520913. Neue lineare Copolyharnstoffe. Erf.: *Rudolf Pasedag, Eugen Griebach* u. *Martin Wallis*. Anm.: Schering AG, Berlin und Bergkamen, 1000 Berlin. A. 19. 10. 61, O. 3. 7. 69. Kl.: 39b5, 22/02. A.-Z.: P 1520913 (Sch 30442). Entspr. SzP 432833 u. GBP 985107.

SUP 252606 (Urheberschein). Mischung zur Herstellung von Polyurethanen. Erf.: *N. P. Smetankina, G. N. Krivčenko* u. *V. Ja. Oprja*. Anm.: Institut Chimii vysokomolekuljarnych Soedinenij AN Ukrainskoj SSR. A. 19. 7. 67, B. 22. 9. 69. Kl.: 39c, 6. A.-Z.: 1173863/23–5.

OeP 278370. Verfahren zur Polymerisation von Olefinoxiden. Inh.: Farbenfabriken Bayer AG, Leverkusen (DB). A. 8. 1. 68, B. 15. 5. 69. Kl.: 39b, 23. A.-Z.: 174/68. Prior.: 7. 1. 67 (DB; A.-Z.: F 51199 IVd/39c). Entspr. FrP 1550022.

SUP 252612 (Urheberschein). Verfahren zur Herstellung von Phosphazen-Polymeren. Erf.: *S. M. Živuchin, V. V. Kireev, G. S. Kolesnikov* u. *I. M. Rajgorodskij*. Anm.: Moskovskij chimiko-technologičeskij Institut Im. D. I. Mendeleeva. A. 7. 8. 68, B. 22. 9. 69. Kl.: 39c, 30. A.-Z.: 1263975/23–5.

SUP 253351 (Urheberschein). Verfahren zur Herstellung von Polybenzimidazolen. Erf.: *V. V. Koršak, M. M. Tepljakov* u. *R. D. Fedorova*. Anm.: Moskovskij chimiko-technologičeskij Institut Im D. I. Mendeleeva u. Institut elementorganičeskich Soedinenij AN SSSR. A. 12. 5. 67, B. 30. 9. 69. Kl.: 39b5, 33/00. A.-Z.: 1158864/23–5.

SUP 252603 (Urheberschein). Verfahren zum Stabilisieren von Homobzw. Copolymeren des Formaldehyds. Erf.: *V. D. Ermakova, L. V. Karmilova, E. G. Rozancev* u. *L. A. Skripko*. Anm.: Kuskovskij chimičeskij Zavod; u. Institut chimičeskoj Fiziki AN SSSR. A. 6. 9. 68, B. 22. 9. 69. Kl.: 39b, 22/06. A.-Z.: 1269158/23–5.

Klasse 42k, 50. Textilprüfung. Verfahren, Vorrichtungen und Maschinen zum Prüfen von Fasern, Fäden, Garnen, Geweben auf ihre mechanischen und Festigkeitseigenschaften, auf Spannungen, mechanische Unregelmäßigkeiten, Drall (Drehung), Porosität

DOS 1473720. Verfahren und Vorrichtung zur Bestimmung des Geschwindigkeitsgrades schmiegsamer Materialien. Erf. nicht genannt. Anm.: Cluett, Peabody & Co., Inc., New York, N. Y. (US). A. 19. 10. 65, O. 4. 6. 69. Kl.: 42k, 50. A.-Z.: P 1473720 (C 37192). Prior.: 21. 10. 64 (US; A.-Z.: 405398).

SUP 253425 (Urheberschein). Automatische Zugprüfmaschine für Fäden. Erf.: *G. N. Kukin, L. M. Lebedev* u. *Ju. I. Rozenbaum*. Anm.: Naučnoissledovatel'skij i konstruktorskij Institut ispytatel'nych Mašin, Priborov i Sredstv Izmerenija Mass. A. 5. 9. 68, B. 30. 9. 69. Kl.: 42k, 50. A.-Z.: 1268177/28–12.

Klasse 55b. Verfahren zur Herstellung von Zellstoff, Zellstoffkocher, Wiedergewinnung der Ablaugen und Abgase

SUP 253572 (Urheberschein). Verfahren zur Herabsetzung der relativen Molekülmasse von Cellulose. Erf.: *G. L. Akim, E. L. Akim* u. *N. D. Avakjan*. Anm.: Leningradskij Institut tekstil'noj i legkoj Promyšlennosti Im. S. M. Kirova. A. 13. 5. 68, B. 30. 9. 69. Kl.: 55b, 1/10. A.-Z.: 1241055/23–4.

USP 3461028 Zus. z. Pat. m. A.-Z.: 410727. A. 12. 11. 64. Verfahren zum Aufschließen von Cellulose durch Behandlung von Cellulosematerialien mit Ammoniumhydroxid und Salpetersäure. Erf.: *Everett C. Mills*. Inh.: Alscope Ltd., Passaic, N. J. A. 1. 2. 68, B. 12. 8. 69. Kl.: 162–81, Int. Kl.: D 21c 3/16. 4 Anspr. A.-Z.: 703541.

SUP 252856 (Urheberschein). Verfahren zum Schutz von Kochern. Erf.: *R. A. Salonicyn, A. N. Serdjuk* u. *L. V. Pavlova*. Inh.: Vsesojuznyj naučnoissledovatel'skij Institut celljulozno-bumažnoj Promyšlennosti. A. 29. 11. 65, B. 22. 9. 69. Kl.: 55b, 2/20. A.-Z.: 1040470/29–33.

55c. Bleichen, Leimen, Färben, Füllen, Beschweren von Papierstoff und Zellstoff, Holländer, Stoffmühlen, Zellstoffaufschließer (teilweise)

DOS 1546230. Vorrichtung zum Einmischen eines Bleichmittels in Zellulosebrei. Erf.: *Arve Olav Tofte*. Anm.: Aktiebolaget Kamyr, Karlstad (Sv). A. 3. 3. 66, O. 17. 7. 69. Kl.: 55c, 1. A.-Z.: P 1546230 (A 51741). Prior.: 5. 3. 65 (Sv; A.-Z.: 2863). Entspr. FrP 1470 572.

USP 3467574. Veredelungsbleiche von Hochausbeute-Zellstoffen. Erf.: *William B. West*. Inh.: Crown Zellerbach Corp., San Francisco, Calif. A. 14. 6. 66, B. 16. 9. 69. Kl.: 162–24, Int. Kl.: D 21b 1/16. 6 Anspr. A.-Z.: 557498

Literaturschau

Auszug aus Lieferung 9 und 10/1970 der Referatekartei „Faserstoffe und Textiltechnik", zusammengestellt von der Abteilung Wissenschaftliches Berichtswesen des Instituts für Faserstoff-Forschung der DAW, 153 Teltow-Seehof, Kantstr. 55

I. Wissenschaftliche Grundlagen

Allgemeines

(Untersuchungsmethoden u. a.)

Krumgal'z, B. S., Derevskaja, V. I., Traber, D. G., Amjanova, R. K.: Viskosimeter für leichtflüchtige und hygroskopische Flüssigkeiten. Zavodsk. Labor., Moskva (Betriebslabor) **36** (1970) 2, S. 246–247.

Hendra, P. J., Vear, C. J.: Laser-Raman-Spektroskopie. Ein Überblick Analyst **95** (1970) 1129, S. 321–342.

Redfern, J. P.: Tendenzen in der Thermoanalyse. Proc. Soc. anal. Chem. **7** (1970) 3, S. 64.

McFarren, E. F., Lishka, R. J., Parker, J. H.: Kriterium für die Beurteilung der Anwendbarkeit von analytischen Methoden. Analytic. Chem. **42** (1970) 3, S. 358–365.

Physik und Chemie der Hochpolymeren

Alexandrowicz, Z.: Monte-Carlo-Berechnung von Ketten mit ausgeschlossenem Volumen: ein Weg zur Vermeidung von Kettenüberschneidung (sample attretion). J. chem. Physics **51** (1969) 2, S. 561–565.

Vink, H.: Viskosität von Polyelektrolytlösungen. Makromol. Chemie **131** (1970) S. 133–145. (engl.)

Achmadeev, M. Ch., Minin, I. V.: Messung der Diffusion in Lösungen von hochmolekularen Substanzen. Zavodsk. Labor., Moskva (Betriebslabor) **36** (1970) 1, S. 54.

Kamide, K., Ogawa, T., Nakayama, Ch.: Über die Bestimmung der Verteilung der relativen Molekülmasse nach der Spencer-Methode. Makromol. Chemie **132** (1970) S. 65–73 (engl.).

Géczy, I., Marton, G.: Schnellbestimmung der Verteilung der relativen Molekülmassen von PVC durch Trübungstitration. Kolor. Ertesitö, Budapest (Kolor. Rdsch.) **11** (1969) 11/12, S. 284–288.

Šagilova, A. V., Šalaeva, L. F.: Abhängigkeit der relativen Molekülmasse von durch Polymerisation in Gasphase hergestelltem Polyäthylen von der Teilchengröße. Vysokomol. Soed. (Hochmol.Verbind.) Serie B: Kratkie Soobšč. (Kurzmitt.) **12** (1970) 2, S. 99.

Fajnerman, A. E.: Zur Frage der Verteilungsfunktion bei Polykondensaten. Faserforsch. u. Textiltechnik **21** (1970) 5, S. 215–217.

Sippel, A.: Zur Frage der Verteilungsfunktion bei Polykondensaten. Faserforsch. u. Textiltechnik **21** (1970) 5, S. 217.

Fujimoto, K., Wataya, K.: Die Untersuchung von Polymeren durch Hochtemperatur-Reflexionsspektroskopie bei unterdrückter Totalreflexion. J. appl. Polymer Sci. **13** (1969) 12, S. 2513–2526.

Livesey, P. J., Billmeyer, F. W., jr.: Teilchengrößenbestimmung durch Kleinwinkel-Lichtstreuung. Neues Gerät und Schnellverfahren zur Interpretation der Ergebnisse. J. colloid interface Sci. 30 (1969) 4, S. 447 bis 472.

Strjukov, V. B., Dubovickij, A. V., Rozenberg, B. A., Enikolopjan, N. S.: Untersuchung der morphologischen Besonderheiten von Polyformaldehyd mit Hilfe der „Spin-Markierung". Dokl. Akad. Nauk SSSR (Ber. Akad. Wiss. UdSSR) 190 (1970) 3, S. 642–644.

Romanov, B. S.: Bestimmung der Zusammensetzung von Wasserstoff und Fluor enthaltenden Copolymeren mit Hilfe der Breitlinien-NMR. Vysokomol. Soed. (Hochmol. Verbind.) Serie B: Kratkie Soobšč. (Kurzmitt.) 12 (1970) 2, S. 132–135.

Hörhold, H.-H., Opfermann, J.: Poly-p-xylyliden. Synthesen und Beziehungen zwischen Struktur und elektrophysikalischen Eigenschaften. Makromol. Chemie 131 (1970) S. 105–132.

Paul, E., Mazo, R. M.: Hydrodynamische Eigenschaften eines ebenen, polygonalen Makromoleküls nach der Kirkwood/Riseman-Theorie. J. chem. Physics 51 (1969) 3, S. 1102–1107.

Feinstrukturen in Bändern. Nature, London 225 (1070) 5237, S. 1002.

Nikonovič, G. V., Burchanova, N. D., Usmanov, Ch. U.: Strukturuntersuchung an einigen Zellstoffen mittels Ultradünnschnitten. Z. prikl. Chimii (Z. angew. Chemie) 43 (170) 2, S. 403–407.

Rudakov, A. P., Bessonov, M. I., Tujčiev, Š., Koton, M. M., Florianskij, F. S., Ginzburg, B. M., Frenkel', S. Ja.: Über den Zusammenhang zwischen der Struktur und den physikalischen Eigenschaften von Polyimiden. Vyskomol. Soed. (Hochmol. Verbind.) Serie A 12 (1970) 3, S. 641 bis 648.

Kawai, T., Ujihara, K., Maeda, H.: Faltenstruktur von aus Lösungen gewachsenen Kristallen von alkylverzweigten Polyäthylen-Copolymeren. Makromol. Chemie 132 (1970) S. 87–111.

Haskell, V. C.: Simulierung der Gelstruktur von Celluloseregeneratfilm. J. Polymer Sci., C: Polymer Symposia (1969) 28, S. 289–303.

Bittiger, H., Husemann, E., Kuppel, A.: Über die Bildung von geordneten Strukturen aus Lösungen von Cellulosederivaten, Amylose und Mannan. Cellulose Chem. Technology, Jassy/Rum. 3 (1969) 5, S. 477–488 (dt.).

Gribkova, P. N., Rodt, V. V., Koršak, V. V.: Strukturumwandlungen einiger aromatischer Polyimide bei erhöhter Temperatur. Izv. Akad. Nauk SSSR, Serija chim. (Nachr. Akad. Wiss. UdSSR, Chemie) (1970) 3, S. 568–575.

Yasukawa, T., Matsuzaki, K., Yamagishi, M.: Die Struktur von aktiven Zentren, erzeugt durch γ-Strahlung an Celluloseacetat. Makromol. Chemie 131 (1970) S. 305–307 (engl.).

Gafurov, U. G., Novak, I. I.: Konformationsübergänge bei Deformation von orientierten Polyäthylenfäden. Mech. Polimerov, Riga (Mech. der Polymeren) 6 (1970) 1, S. 170–172.

Šaltuper, G. B.: Über den Kettenendenabstand eines Makromoleküls. Z. struk. Chimii (Z. Strukturchemie) 11 (1970) 1, S. 170–173.

Jayme, G., El-Kodsi, G.: Über eine neue Methode zur Bestimmung der Kettenlängenverteilung von Cellulosen in $EWNN_{mod(NaCl)}$. Papier 24 (1970) 3, S. 125–129.

Dautzenberg, H., Philipp, B.: Untersuchungen zum Ablauf verschiedener Zersetzungsmechanismen bei Cellulosexanthogenat. Faserforsch. u. Textiltechnik 21 (1970) 5, S. 201–204.

Wulf, K., Kapelle, R., Philipp, B.: Zum Einfluß von Inhomogenitäten in Viskosespinnlösungen auf deren Fließverhalten. Faserforsch. u. Textiltechnik 21 (1970) 5, S. 218–219.

Borsenko, V. N., Pesčanskaja, N. N., Sinani, A. B., Stepanov, V. A.: Kriechen von nichtorientierten linearen Polymeren bei Zug, Kompression und Torsion. Mech. Polimerov, Riga (Mech. der Polymeren) 6 (1970) 1, S. 24–28.

Kuksenko, V. S., Slucker, A. I.: Über die Korrelation zwischen den Zerstörungs- und Deformationsvorgängen in orientierten Polymeren. Mech. Polimerov, Riga (Mech. der Polymeren) 6 (1970) 1, S. 43–47.

Perepečko, I. I., Trepelkova, L. I.: Anomale Zunahme der Festigkeit von plastifiziertem Polyvinylchlorid. Plast. Massy, Moskva (Plast. Massen) (1970) 2, S. 40–41.

Grinblat, V. N.: Fließen von Polymerschmelzen in der Form beim Spritzguß. Plast. Massy, Moskva (Plast. Massen) (1970) 2, S. 28–31.

Schnabel, W.: Die Temperaturabhängigkeit von Abbau und Vernetzung bei der γ-Bestrahlung von Polyäthylenoxid. Makromol. Chemie 131 (1970) S. 287–293.

Mjakov, V. N., Troickij, B. B.: Über den Einfluß von Quecksilber auf den thermischen Abbau von Polyvinylchlorid. Vysokomol. Soed. (Hochmol. Verbind.) Serie B: Kratkie Soobsc. (Kurzmitt.) 12 (1970) 2, S. 100–101.

Levantovskaja, I. I., Jazvikova, M. P., Barštejn, R. S., Gorbunova, V. G., Isaeva, Z. S., Kovarskaja, B. M.: Thermooxydativer Abbau und Stabilisierung von Weichmachern auf Polyesterbasis. Plast. Massy, Moskva (Plast. Massen) (1970) 2, S. 52–54.

Părăusanu, V., Roncea, C., Sinchievic, E.: Beiträge zum Studium des thermooxydativen Abbaues von Hochdruckpolyäthylen. Materiale plast., Bucureşti 6 (1969) 6, S. 335–340.

Taranucha, O. M., Vonsjackij, V. A., Lebedev, Ja. S.: Einfluß radioaktiver Strahlung auf die ERS-Kriterien von Radikalen im mit γ-Strahlen bestrahlten Polycaprolactam. Dokl. Akad. Nauk SSSR (Ber. Akad. Wiss. UdSSR) 190 (1970) 4, S. 898–901.

Privalko, V. P., Lipatov, Ju. S.: Über die Einfriertemperatur von linearen Polymeren. Vysokomol. Soed. (Hochmol. Verbind.) Serie B: Kratkie Soobšč. (Kurzmitt.) 12 (1970) 2, S. 102–104.

Wiesener, E., Hoffrichter, S.: Differential-thermoanalytische Untersuchungen an Polyäthylenterephthalat. III. Über den Einfluß der thermischen Vorbehandlung auf das Schmelzverhalten von Polyäthylenterephthalat. Faserforsch. u. Textiltechnik 21 (1970) 5, S. 189–195.

Tuzar, Z., Kratochvil, P.: Bestimmung der Zusammensetzung von Copolymeren durch Differentialrefraktometrie in Lösungsmittelmischungen. J. Polymer Sci., B.: Polymer Letters 7 (1969) 12, S. 825–828.

Salvage, T.: Der Nachweis von Polyäthylenglykolen und Polypropylenglykolen durch Dünnschichtchromatographie. Analyst 95 (1970) 1129, S. 363–365.

Valk, G., Peters, M., Husung, L.: Über die Auftrennung der Diastereomeren von 2,4-Dicyanopentan und die dünnschicht-chromatographische Detektion der Nitrilgruppen. Fresenius' Z. analyt. Chemie 249 (1970) 4, S. 245–246.

Turkova, L. D., Belen'kij, B. G.: Pyrolyse-Gaschromatographie von Styrol/Methylmethacrylat-Copolymeren. Vysokomol. Soed. (Hochmol. Verbind.) Serie A 12 (1970) 2, S. 467–473.

Dinse, H. D., Tuček, E.: Gaschromatographische Bestimmung des Diäthylenglykolgehaltes in Polyäthylenterephthalat. Faserforsch. u. Textiltechnik 21 (1970) 5, S. 205–208.

Edelmann, K., Wyden, H.: Quantitative polarographische Bestimmung des Katalysatorgehaltes in Polyestern. Kautschuk, Gummi, Kunststoffe 23 (1970) 3, S. 96–99.

McNeill, I. C.: Untersuchungen der Beständigkeit und der Zersetzungsprodukte von Polymeren durch thermische Verflüchtigungsanalyse. Proc. Soc. anal. Chem. 7 (1970) 3, S. 65.

Patel, K. S., Patel, K. C., Patel, R. D.: Untersuchung der Pyrolyse von Cellulose und ihrer Derivate. Makromol. Chemie 132 (1970) S. 7–22.

Physik und Chemie der Monomeren und Oligomeren

Gorškova, G. N., Kolodkin, F. L., Poliščuk, V. V., Ponomarenko, V. A., Sidel'kovskaja, F. P.: IR-spektroskopische Bestimmung der Basizität einiger N-substituierter Lactame. Izv. Akad. Nauk SSSR, Serija chim. (Nachr. Akad. Wiss. UdSSR, Chemie) (1970) 3, S. 550–554.

Dakin, V. I., Karpov, V. L.: Untersuchung der Radiolyse einiger Allylmonomerer im festen Zustand mit Hilfe der ESR-Spektroskopie. Vysokomol. Soed. (Hochmol. Verbind.) Serie A 12 (1970) 2, S. 409–415.

Trofil'kina, V. P., Bobyleva, L. I., Slavnova, A. S.: Chromatographische Analyse von bei der katalytischen Hydrierung von Adiponitril anfallenden Reaktionsprodukten. Z. anal. Chimii (Z. analyt. Chemie) 25 (1970) 2, S. 388–389.

Gheršin, Z., Stitzl, H., Manea, R.: Vergleichende Untersuchung der titrimetrischen und kolorimetrischen Verfahren zur Bestimmung von Acrylnitril in Abwässern. Rev. Chimie, Bucureşti 20 (1969) 11, S. 689–694.

Andrei, C., Părăusanu, V., Vulpe, Tr.: Herstellung von Terephthalsäure durch Disproportionierung von Kaliumbenzoat. Rev. Chimie, Bucureşti 20 (1969) 12, S. 713–716.

Pašek, J., Richter, P.: Technisch-ökonomischer Vergleich verschiedener Verfahren zur Herstellung von Caprolactam. Chem. Prům., Praha (Chem. Ind.) 20(45) (1970) 2, S. 88–95.

Gothard, Fr. A., Iacob, C., Brasat, G.: Gleichgewichtsbeziehungen in zweiphasigen Systemen aus Acrylnitril, Vinylacetat, Wasser, Acetaldehyd und Aceton. Rev. Chimie, Bucureşti 20 (1969) 12, S. 755–756 (franz.).

Polymerisation

Juržerko, A. I., Kiričenko, I. N., Vil'šanskij, V. A., Zajac, N. N.: Untersuchung der Reaktionsfreudigkeit von Halogenalkylpyridiniumverbindungen bzw. ihren Derivaten im Zusammenhang mit der Beteiligung dieser Verbindungen an der Initiierung von Polymerisationsvorgängen. Dokl. Akad. Nauk SSSR (Ber. Akad. Wiss. UdSSR) 190 (1970) 3, S. 616 bis 618.

Laputte, R., Guyot, A.: Über die katalytischen Systeme $TiCl_4/AlR_3$. V. Zusatz von Alkylaluminium in zwei Etappen. Makromol. Chemie 132 (1970) S. 179–194 (franz.).

Schnecko, H., Kern, W.: Endgruppenbestimmung und Zahl der aktiven Zentren bei der heterogenen ionischen (koordinativen) Polymerisation. Chem.-Ztg., Heidelberg 94 (1970) 7, S. 229–239.

Baines, F. C., Grezlak, J. H., Tobolsky, A. V.: Abbau von Polyoxycarbamaten und ihre Auslösung der Vinylpolymerisation. J. Polymer Sci., A-1: Polymer Chem. 7 (1969) 12, S. 3297–3312.

Koršak, V. V., Frunze, T. M., Zajcev, V. L., Kurašev, V. V., Babčinicer, T. M.: Anionische Polymerisation von ε-Caprolactam in Gegenwart von Aktivatoren mit ungesättigten Gruppen. Vysokomol. Soed. (Hochmol. Verbind.) Serie A 12 (1970) 2, S. 416–423.

Jaacks, V., Mathes, N.: Bildung von Makrozwitterionen bei der Polymerisation von β-Lactonen, initiiert durch tertiäre Amine. 2. Mitt. Über Makrozwitterionen. Makromol. Chemie 131 (1970) S. 295–303 (engl.).

Koršak, V. V., Dorošenko, Ju. E., Tepljakov, M. M., Fedorova, R. D., Volkov, B. V.: Über den Einfluß der Synthesebedingungen auf die Eigenschaften von Polyaminoamidosäuren. Vysokomol. Soed. (Hochmol. Verbind.) Serie A 12 (1970) 3, S. 677–680.

Okada, M., Takehisa, M., Machi, S., Danno, A.: Direkte Herstellung von porösen Polyäthylenfiltern durch strahlungschemische Polymerisation von Äthylen. J. appl. Polymer Sci. 13 (1969) 12, S. 2657–2663.

Park, G. S., Smith, D. G.: Vinylchloriduntersuchungen. II. Initiatorwirkung und Abbruchreaktion bei der Lösungspolymerisation von Vinylchlorid. Makromol. Chemie 131 (1970) S. 1–6. (engl.).

Gunesch, H., Schneider, I. A.: Beiträge zur Perlpolymerisation des Vinylacetats. 1. Über die Kinetik der Perlpolymerisation. Makromol. Chemie 132 (1970) S. 259–268.

Penčev, P. I., Ivanov, V. V., Enikolopjan, N. S.: Einfluß von Wasser, Methanol, Ameisensäure und Methylal auf die Polymerisation von Formaldehyd in der Gasphase in einem offenen System. Vysokomol. Soed. (Hochmol. Verbind.) Serie A 12 (1970) 2, S. 329–335.

Guaita, M., Camino, G., Trossarelli, L.: Auslösung der durch Natriumtert.-butylat katalysierte Wasserstoff-Übertragungspolymerisation von substituierten Acrylamiden in aprotischen Lösungsmitteln: N-Methylacrylamid und N-Phenylacrylamid. Makromol. Chemie 131 (1970) S. 309–311 (engl.).

Myagchenkov, V. A., Kurenkov, V. F.: Heterogene Copolymerisation von Acrylamid mit Maleinsäure in Dioxan. J. Polymer Sci., A-2: Polymer Chem. 7 (1969) 12, S. 3279–3286.

Golubev, V. N., Koršak, V. V., Cetlin, B. L.: Strahlungsinduzierte Pfropfung von Acrylsäure und Styrol aus der Dampfphase auf Polypropylenfaserstoff. Dokl. Akad. Nauk SSSR (Ber. Akad. Wiss. UdSSR) 190 (1970) 4, S. 846–848.

Efremova, A. I., Ponomareva, T. I., Rozenberg, B. A., Enikolopjan, N. S.: Über die gegenseitige Inhibierung bei der gemeinsamen Polymerisation cyclischer Äther und cyclischer Acetale. Dokl. Akad. Nauk SSSR (Ber. Akad. Wiss. UdSSR) 190 (1970) 4, S. 872–875.

Koršak, V. V., Rusanov, A. L.: Über die Umsetzung polyfunktioneller aromatischer nucleophiler Substanzen mit Derivaten aromatischer Polycarbonsäuren. Izv. Akad. Nauk SSSR, Serija chim. (Nachr. Akad. Wiss. UdSSR, Chemie) (1970) 2, S. 289–294.

Tsuchida, E., Kaneko, M., Kurimura, Y.: Der Mechanismus der oxydativen Polymerisation von p-Phenylendiamin in wäßriger Lösung von Eisenchelat. Makromol. Chemie 132 (1970) S. 215–224. (engl.).

Sonderfragen

Liakumovič, A. G., Pantuch, B. I., Bajburina, Z. S., Zacharova, N. V.: Inhibierung der Hydrolyse von Dimethylformamid. Chim. Prom. (Chem Ind.) (1970) 3, S. 22(182)–23(183).

II. Faserstoffe, Ausgangsstoffe usw.

Pytel, T., Jędrzejczak, W.: Neue Techniken, Chemisierung und Veredlung als grundlegende Entwicklungsrichtung der Leinenindustrie. Przegl. włókienn. (Textil-Rdsch.) **24** (1970) 1, S. 17–23.

Naturfaserstoffe

Pflanzliche Faserstoffe

Simionescu, Cr., Corlăţeanu, E.: Untersuchung eines neuen Materials für Cellulosefaserstoffe, des Asclepias-Flaums. Celuloza şi Hîrtie, Bucureşti (Cellulose u. Papier) **19** (1970) 2, S. 37–45.
Vlad, I.: Die Ungleichmäßigkeit des Reifegrades der Baumwollfasern. Ind. textilă, Bucureşti **21** (1970) 1, S. 16–23.

Tierische Faserstoffe

Die Kosten für die Behandlung der Wolle vor dem Spinnen. Ind. textile, Paris (1970) 987, S. 99–100.
Banbaji, J.: Theoretische Untersuchung der Bogenänderung von bilateralen Wollfasern als Folge der Superkontraktion. J. Textile Inst. **61** (1970) 1, S. 1–12.
de Boos, A. G., Delmenico, J.: Reinwollene Gewebe und Permanent-Preß-Ausrüstung. Teil III: Stabilisierung der Fixierung mit N'N'-Dimethylolharnstoff (DMU). J. Textile Inst. **61** (1970) 1, S. 29–36.

Chemiefaserstoffe

Ein Garn für alle Zeiten. Chem. in Britain **6** (1970) 2, S. 49.

Cellulose und Zellstoff

Kwiatkowski, T.: Einfluß ionisierender Strahlung auf das Holz und seine Komponenten. Przegl. paierniczy **26** (1970) 1(312), S. 10–18.
Lengyel, P.: Die Herstellung von Pappelzellstoff und -halbzellstoff unter besonderer Berücksichtigung der gemeinsamen Chemikalienregenerierung. Zellstoff u. Papier **19** (1970) 3, S. 67–73.
Sandermann, W., Schlink, C., Czirnich, W., Weissmann, G.: Untersuchungen über die Umsetzung von Holz- und Holzbestandteilen mit Dicarbonsäureanhydriden. II. Mitteilung: Über die Umsetzung von Fichtenholz und Cellulose mit Malein- und Bernsteinsäureanhydrid. Papier **24** (1970) 4, S. 187–192.
Pochveraŝvili, B. S., Murgulija, L. S.: Bisulfitaufschluß von Erlenholz. Bumaž. Prom. (Papier-Ind.) (1970) 2, S. 18.
Bujnickaja, M. I., Chutorŝčikov, I. S., Bleiche und Veredlung von Bisulfit-Sulfit-Lärchenzellstoff. Bumaž. Prom. (Papier-Ind.) (1970) 4, S. 18 bis 19.
Grigorescu, T.: Einige Präzisierungen zur Definition des Aktivchlors. Celuloza şie Hîrtie, Bucureşti (Cellulose u. Papier) **19** (1970) 3, S. 107–109.
Devjatova, A. P., Šarkov, V. I.: Entfernung der Pentosane aus Sulfitzellstoff. Bumaž. Prom. (Papier-Ind.) (1970) 3, S. 4–6.

Regeneratfaserstoffe

Hackman, B., Soila, R., Avela, E.: Zwei Schnellviskosierungsverfahren zur Bestimmung der Filtrierbarkeit und der Reaktionsfähigkeit. Paperi ja Puu, Helsinki (Papier u. Holz) **52** (1970) 3, S. 97–102 (engl.).
Grams, W., Lipowska, A.: Automatische Bestimmung der Viskosereife. Faserforsch. u. Textiltechnik **21** (1970) 5, S. 196–201.
Szegö, L.: Neueste Entwicklung bei den Cellulosefasern mit erhöhter Naßfestigkeit. Kolor. Ertesitö, Budapest (Kolor. Rdsch.) **12** (1970) 1/2, S. 9 bis 16 (engl.).
Barabanov, N. N., Babur, G. V., Sajcuk, L. G.: Automatische Kontrolle der Wasserkonzentration in essigsauren Sirupen für die kontinuierliche Herstellung von Celluloseacetaten. Zavodsk. Labor., Moskva (Betriebslabor) **36** (1970) 1, S. 72–74.

Synthetische Faserstoffe

Lewandowski, St.: Herstellung von Polyesterfaserstoffen. Technik włókienn. (Textiltechn.) **19** (1970) 2, S. 36–38.
Pechoč, V.: Transport von Polymerschmelzen durch ein System von Rohrleitungen mit rundem Querschnitt. Chem. Prům., Praha (Chem. Ind.) **20(45)** (1970) 2, S. 69–73.
Prochorova, Z. F., Perepelkin, K. E., Utevskij, L. E., Čerejskij, Z. Ju.: Zur Frage der Wahl einer quantitativen Beurteilungsmethode der chemischen Beständigkeit von Faserstoffen am Beispiel von Polyvinylalkoholfaserstoffen. Z. prikl. Chimii (Z. angew. Chemie) **43** (1970) 2, S. 391 bis 395.
Geleji, F., Szabó, K.: Herstellung farbiger Polypropylenfasern durch Pigmentieren: Einfluß des Pigmentgehalts der Konzentrate auf die Faserbildungsfähigkeit und auf die Fasereigenschaften. Kolor. Ertesitö, Budapest (Kolor. Rdsch.) **12** (1970) 1/2, S. 18–22.
Schubert, F. R.: Von der Folie zum Garn. Neue Verfahren im Entwicklungsstadium. Textilindustrie, Mönchengladbach **72** (1970) 3, S. 210–220.
Textilbearbeiter wird Faserproduzent. Textile World **119** (1969) 11, S. 82 bis 85.

Künstliche mineralische Faserstoffe

Mimeault, V. J., McKee, D. W.: Oberfläche von Kohlenstoff-Fäden. Nature, London **224** (1969) 5221, S. 793–794.
Thorne, D. J.: Festigkeits/Modul-Beziehung für karbonisierte Acrylfaserstoffe. Nature, London **225** (1970) 5237, S. 1039–1040.

Ausgangsstoffe. Schaumstoffe. Kautschuk

Bewährte Klebetechniken für Kunststoffe. Kunststoff-Berater **15** (1970) 3, S. 218–224.
Niermann, H.: Kunststoff-Rohstoffe. VDI-Z. **112** (1970) 6, S. 367–377.
Katalevskaja, I. V., Erëmilova, I. I., Smirnova, G. N., Chin, N. N., Prokof'eva, M. V.: Hydroxyäthylcyanäthylcellulose. Plast. Massy, Moskva (Plast. Massen) (1970) 2, S. 23–25.
Simionescu, E., Mateescu, M.: Untersuchungen zur Adhäsion von Polyolefinen. Materiale plast., Bucureşti **6** (1969) 6, S. 326–329.

III. Fäden-Herstellungstechnologien

Spinnerei. Zwirnerei

Spinnereivorbereitung

Das Auszählen der Noppen in der Spinnerei. Ind. textile, Paris (1970) 986, S. 11–16.
Automatisierung in der Kammgarn-Vorspinnerei. Ind. textilă, Bucureşti **21** (1970) 1, S. 24–31.

Spinnerei

Zaks, N. A., Levašev, V. N.: Physikalisches Bild des Garnherstellungsprozesses und Ursachen der unvollständigen Verspinnbarkeit der Fasern beim Elementenspinnen. Tekstil. Prom., Moskva (Textil-Ind.) **30** (1970) 1, S. 19–22.
Kolaciński, T.: Analyse des Dralldreieckes. Przegl. włókienn. (Textil-Rdsch.) **24** (1970) 1, S. 1–4.
Turner, D. G.: Die Entwicklung von Walzenbezügen und Spinnriemchen höchster Leistungsfähigkeit. Textile Inst. Ind. **8** (1970) 1, S. 9–11.

Erzeugnisse der Spinnerei und Zwirnerei

Verarbeitung der nach dem Elementenspinnverfahren gesponnenen Baumwollgarne in der Wirkerei und Strickerei. Hosiery Times **42** (1969) 486, S. 87, 90.
Nageava, L. L.: Fortpflanzung des Drehmoments beim Elementenspinnverfahren. Tekstil. Prom., Moskva (Textil-Ind.) **30** (1970) 2, S. 17–20.

Zwirnerei

Bergmann, R.: Effektzwirnen mit Spindelkrone. Melliand Textilber. internat. **51** (1970) 4, S. 383–385.

Texturfäden

Moszczyńska, M., Kubiak, A.: Entwicklungsrichtung der Texturierung von Chemieseiden. II. III. Przegl. wlokienn. (Textil-Rdsch.) **23** (1969) 11, S. 543–547; **24** (1970) 1, S. 23–25.
Texturierte Garne in der Maschenwarenindustrie. Spinner, Weber, Textilveredlung **88** (1970) 3, S. 233–236 (dt. u. engl.).
Simionescu, T.: Spinnen von Polyacrylnitrilfasern zu Bauschfäden. Ind. textilă, Bucureşti **21** (1970) 3, S. 143–153.
Prochazka, O.: Das kontinuierliche Texturieren von Mischgarnen mit Schrumpffasern. Ind. textile, Paris (1970) 987, S. 93–98.
Texturiermaschinen auf der ATME-I 1969 in Greenville. Chemiefasern **20** (1970) 4, S. 286–294.

IV. Flächengebilde-Herstellungstechnologien

Kendall, J. W.: Textilmärkte: Heute und morgen. Der sich entwickelnde Markt für elastische Stoffe. Hosiery Times **42** (1969) 486, S. 56, 58, 61, 62, 109.
Die Produktionstechniken für „Frottier"-Stoffe. Ind. textile, Paris (1970) 987, S. 119–120.
Kurz, J., Deutsch, W.: Vergleich der Abtrocknungskraft von Papier- und Textilhandtüchern. Melliand Textilber. internat. **51** (1970) 4, S. 471 bis 475.

Materialvorbereitung

Weber-Bleyle, I. R., Merkle, E.: Kleben statt Knoten. Wirk.- u. Strick.-Technik **20** (1970) 3, S. 112–113.
Wegener, W., Schubert, G.: Die optimale Gestaltung der Kreuzspulhülsen. Wirk.- u. Strick.-Technik **20** (1970) 3, S. 138–143.
Dolecki, M., Żadło. J., Mazur, J.: Möglichkeiten für eine Verringerung des Kettverzuges auf den Schlichtmaschinen EM-1. Technik włókienn. (Textiltechn.) **19** (1970) 2, S. 46–48.

Weberei

Schmutzler, M.: Die Tuchmacherkunst um 1700. Teil 4. Textil-Praxis **25** (1970) 3, S. 177–179.
Dinis, P., Macovei, M.: Die Entwicklung der Technik in der Webereivorbereitung und in der Weberei. Fortschritte und Entwicklungstendenzen. Ind. textilă, Bucureşti **21** (1970) 3, S. 158–161.
Kirchenberger, H.: Rohstoffe und Technik bei den verschiedenen textilen Warengruppen. Chemiefasern **20** (1970) 3, S. 219–222; 4, S. 295–296.
Svaty, V.: Durch das Aufstellen schützenloser Webmaschinen aufgeworfene Probleme. Ind. textile, Paris (1970) 986, S. 32–34.
Gitter- und Vollgewebe aus synthetischen Garnen. Kunststoff-Berater **15** (1970) 4, S. 318.
Chemiefasern in der technischen Anwendung. Chemiefasern **20** (1970) 4, S. 310–311.

Erzeugnisse der Weberei

Kamiński, R., Ratyński, B.: Möglichkeiten für einen Einsatz von modifizierten Viskosefasern bei der Herstellung von Geweben mit einem geringen Wollanteil. Technik włókienn. (Textiltechn.) **19** (1970) 2, S. 33 bis 36.
Novolodskaja, I. G., Ivanova, T. I., Lebedeva, A. V.: Neue Gewebe unter Verwendung von Polynosefaserstoffen. Tekstil. Prom., Moskva (Textil-Ind.) **30** (1970) 2, S. 7–8.

Wirkerei und Strickerei. Konfektion. Sonstige Technologien

Wirkerei- und Strickerei-Technologie

Peel, R.: Baumwolle in der Maschenwarenindustrie: einige technische Probleme und Möglichkeiten für das Wachstum in den 70er Jahren. Hosiery Times **42** (1969) 487, S. 63–66, 68, 71.

Erzeugnisse der Wirkerei und Strickerei

Boteraŝvili, Š. A., Dalidovič, A. S.: Einfluß der Fadenspannung auf die Maschenlänge in zweiligem Kettengewirke. Tekstil. Prom. Moskva (Textil-Ind.) **30** (1970) 2, S. 42–45.
Maschenwaren in der Textilausrüstung. Spinner, Weber, Textilveredlung **88** (1970) 3, S. 238–248 (dt. u. engl.).
Aussichten der Strumpfhosen. Hosiery Trade J. **77** (1970) 913, S. 58–60.

Konfektion

Rieser, W., Schierbaum, W.: Ist die Nahtkräuselung beim Konfektionieren unter Praxisbedingungen vermeidbar? Bekleid. u. Wäsche **22** (1970) 5, S. 308–313.

Textilverbundstoffe

Faserverbundstoffe. Vliesstoffe

Wdowiak, T.: Prozeß der Thermobehandlung von Klebvliesstoffen und eingesetzte Produktionsvorrichtungen. Technik włókienn. (Textiltechn.) **18** (1969) 11/12, S. 350–358.

Rădulescu, S., Iarovici, M., Sandor, N.: Das gegenwärtige Stadium und die Entwicklungstendenzen der Produktion ungewebter Textilien. Ind. textilă, Bucureşti **21** (1970) 3, S. 137–142.
Foster, F. H.: Fußbodenbeläge beschleunigen Eindringen von Nadelvliesstoffen in das Gebiet der Wohntextilien. Textile World **119** (1969) 11, S. 77–81.

Fadenverbundstoffe

Faserhaltige Verbundstoffe mit hoher Festigkeit. Nature, London **225** (1970) 5233, S. 592.

Schichtstoffe

Der Erfolg kommt durch das Dessin – für einen neuen führenden Betrieb in der Tuftingindustrie. Textile World **119** (1969) 11, S. 74–76.

V. Textilveredlung

Sauer, G., Ballmann, H.: Vorbehandeln, Färben und Ausrüsten von Baumwoll-Trikotstückware mit Reaktivfarbstoffen. Textilveredlung, Weinfelden/Schweiz **5** (1970) 2, S. 145–149.
Kontinue-Färben und -Ausrüsten von Polyester-Zellulose-Fasermischungen. Internat. Textil-Bull., Zürich. Weltausgabe Färberei/Druckerei/Ausrüstung (1969) 2, S. 163, 164, 167, 168; 4, S. 345–346.
Heinrichs, R., Leckebusch, H. J.: Texturierte Polyesterfäden in Färberei und Ausrüstung. Bayer-Farben-Rev., Leverkusen (1970) 18, S. 2–41.
Schork, Ch.: Die Veredlung von Fully-fashioned-Artikeln aus Polyacrylnitrilfasern. Textilveredlung, Weinfelden/Schweiz **5** (1970) 2, S. 119–122.
Teppichveredlungs-Praxis. Internat. Textil-Bull., Zürich. Weltausgabe Färberei/Druckerei/Ausrüstung (1969) 4, S. 333, 334, 337, 338, 341, 342, 345.

Farbstoffe. Textilhilfsmittel

Tigler, L.: Fortschritte auf dem Gebiet der Anwendung von Schwefelfarbstoffen. Galaxia, Buenos Aires (1969) 29, S. 55–58.

Bleicherei. Sonstige Vorbehandlungsarbeiten der Textilveredlung

Schürings, W.: Weißausrüsten von Polyamid-Kettwirkwaren für Hemden- und Kittelstoffe. Textilveredlung, Weinfelden/Scnweiz **5** (1970) 2, S. 81 bis 85.
Brüggemann, A., Germann, R.: Blankophor CL – ein hoch lichtechter Weißtöner für Polyamid- und Cellulosefasern sowie deren Mischungen. Bayer-Farben-Rev., Leverkusen (1970) 18, S. 44–47.
Hollinge, G. I., Ruddy, J.: Die gegenwärtige Praxis des Vorreinigens mit Lösungsmitteln und seine künftige Entwicklung. Textile Inst. Ind. 8 (1970) 1, S. 12–15.
Uster führt neues kontinuierliches, automatisches Titrationsgerät für das Bleichen ein. Mod. Textiles Mag. **51** (1970) 2, S. 26.

Färberei

Kangle, P. J.: Untersuchungen zum Übertragungsmechanismus von Dispersionsfarbstoffen in Polyester/Viskose-Mischgeweben bei hoher Temperatur. J. appl. Polymer Sci. **13** (1969) 12, S. 2677–2687.
Weigold, S.: Färben von Garnen und Gewirken aus texturierten Polyesterfasern. Chemiefasern **20** (1970) 4, S. 273–279.
Siepmann, E., Bruns, H.-J.: Ein Jahr DEFITHERM-Verfahren zum Färben von Polyacrylnitrilfasern. Internat. Textil-Bull, Zürich. Weltausgabe Färberei/Druckerei/Ausrüstung (1969) 2, S. 147, 148, 151, 152, 155, 156.
Dyrda, J.: Progressive Verfahren des Färbens in der Kammgarnindustrie. Technik włókienn. (Textiltechn.) 18 (1969) 11/12, S. 337–344.
Suchecki, St. M.: Die Färberei mittels Computer. Textile Ind. **133** (1969) 10, S. 172, 173, 179, 181, 185, 186, 187, 189, 193.

Druckerei

Koch, R.: Bedrucken von Mischtextilien – eine Zusammenfassung. Bayer-Farben-Rev., Leverkusen (1970) 18, S. 74–89.
Schidlo, W.: Die Fixierung von Drucken mit Remazolfarbstoffen nach dem Zweiphasen-Kaltverweilverfahren. Textil-Praxis **25** (1970) 3, S. 159 bis 164.

Ausrüstung. Trocknung

Mechanisches Schrumpfechtmachen von Rundstrickware aus Baumwolle. Hosiery Times **42** (1969) 486, S. 76, 79, 80, 83.
Maier, H.: Probleme beim Paraffinieren von Maschinenstrickgarn. Wirk.- u. Strick.-Technik **20** (1970) 3, S. 117–120.
Donner, E.: Aktuelle Fragen der Frontfixierung. Bekleid u. Wäsche **22** (1970) 5, S. 303–307.
Filzfreiausrüstung mit Synthappret. Internat. Textil-Bull., Zürich. Weltausgabe Färberei/Druckerei/Ausrüstung (1969) 2, S. 156, 159.
Reich, F.: Filzfreiausrüstung von Wollmaterialien aus organischen Lösungsmitteln. Chemischreiniger u. Färber/Färber-Ztg. **23** (1970) 3, S. 100 bis 106.
Kliment, L.: Räumliche Formgebung bei der Gestrick-Herstellung. Textil, Praha **25** (1970) 3, S. 78–81.
Krjukova, A. S., Nesterenko, R. V.: Einfluß der Wäsche auf die Beschaffenheit von mit Karbamol CEM appretiertem Baumwollgewebe. Tekstil. Prom., Moskva (Textil-Ind.) **30** (1970) 1, S. 50–53.
Mebes, B.: Die hygienische Ausrüstung von Maschenware. Textilveredlung, Weinfelden/Schweiz **5** (1970) 2, S. 163–164.
Hedwig, R.: Die Appretur von „Bouclé"-Modeartikeln. Ind. textilă, Bucureşti **21** (1970) 1, S. 53–54.
Filatov, M. S., Šmeleva, L. S., Pugačevskij, G. F., Semak, B. D.: Einfluß der Art der Appretur auf die Gebrauchseigenschaften von Viskosefasergeweben. Tekstil. Prom., Moskva (Textil-Ind.) **30** (1970) 1, S. 58–61.
Samways, C., Hastings, G. W.: Strahlungschemische Pfropfung von Polysulfiden auf Wolle. Nature, London **225** (1970) 5233, S. 634–635.
Roig, R. M.: Etikettierung von Textilartikeln. Galaxia, Buenos Aires (1969) 29, S. 23–33.
Reeker, J., Nie, H., Dziggel: Untersuchungen zur Ermittlung der wirtschaftlichen Luftmenge. Strömungsrichtung und Eintrittstemperatur an Schnelltrocknern. Textil-Praxis **25** (1970) 3, S. 172–174.

Wäscherei. Chemische Reinigung

Grünewälder, W.: Tenside bei den Verfahren der Chemischreinigung. Fette, Seifen, Anstrichmittel/Ernährungsind. **72** (1970) 3, S. 189–192.
Schumann, R., Ueberschär, K.: Schaden an bedruckter Wäsche. Textilreinigung, Leipzig **17** (1970) 4, S. 115–117.

VI. Werkstoffprüfung. Meß- und Prüftechnik. Standardisierung

Eigenschaften und Fehler der Textilmaterialien u. a.

Vasilišina, N. P., Pugačevskij, G. F., Semak, B. D., Stefanjuk, E. M.: Sorptionseigenschaften der Gewirke aus Texturseiden. Tekstil. Prom., Moskva (Textil-Ind.) **30** (1970) 2, S. 69–71.
Mayer, M.: Berechnung von Schubspannung und Wärmeübergang an längsangeströmten Fäden. Chemie-Ing.-Technik **42** (1970) 6, S. 396 bis 402.
Skelton, J., Freeston, W. D., jr., Ford, H. K.: Das Zugverhalten von Faserstoffen bei hoher Dehnungsgeschwindigkeit und tiefer Temperatur. Appl. Polymer Symposia (1969) 12, S. 111–135.
Roginskij, S. L., Streljaev, V. S., Sačkovskaja, L. L.: Zur Verteilungsfunktion der Festigkeitsgrenzen von monofilen Glasfäden. Mech. Polimerov, Riga (Mech. der Polymeren) **6** (1970) 1, S. 131–136.
Iwanov, N., Schneider, R.: Ein Fall von Fadenbrüchen an Polyamidseide durch Polyäthyleneinschlüsse (S-Fasern). Faserforsch. u. Textiltechnik **21** (1970) 5, S. 219–220.
Flächenschrumpf und Flächenformvermögen. Wirk.- u. Strick.-Technik **20** (1970) 3, S. 123, 124, 126, 128–130, 132–134.

Meß- und Prüftechnik

Cagareli, N. V.: Gerät zum Bestimmen des Aufbaus von Spulen mittels Isotopen. Tekstil. Prom., Moskva (Textil-Ind.) **30** (1970) 1, S. 64–67.
Jakovleva, V. F.: Bestimmen der Ausreißfestigkeit des Flors in Kettflorgeweben. Tekstil. Prom., Moskva (Textil-Ind.) **30** (1970) 2, S. 66–69.
Hanuš, J., Nečkář, B.: Digital Fibrograph 230 A. Textil, Praha **25** (1970) 3, S. 91–94.
Stein, H., Hobe, S.: Prüfeinrichtungen zur Ermittlung der Oberflächenbeschaffenheit von Fasern und Fäden. Textil-Praxis **25** (1970) 3, S. 150 bis 153.
Henning, H.: Über ein Bruchkriterium für Hochpolymere, abgeleitet aus der kinetischen Theorie des Bruches. Materialprüfung **12** (1970) 3, S. 77 bis 81.
Truten, W. A.: Erhöhung der Meßgenauigkeit linearer Größen durch Fehlerkompensation. Feingerätetechnik **19** (1970) 5, S. 203–207.

Standardisierung. Terminologie

Teppich-Entflammbarkeitsstandard in einem Jahr fällig. Mod. Textiles Mag. **51** (1970) 2, S. 34.

VII. Betriebstechnik. Ökonomie. Tagungsberichte und dgl.. Sonderfragen

Betriebstechnik

Trognitz, V., Seppelt, H.: Systemaspekte der Arbeitsgestaltung und Möglichkeiten der Anwendung der elektronischen Datenverarbeitung bei der Lösung entsprechender Aufgaben. Fertigungstechnik u. Betrieb **20** (1970) 4, S. 197–202.
Richards, R. V., Cochran, M.: EDV-unterstützte Produktionskontrolle. Textile Ind. **133** (1969) 10, S. 105–111.
Becker, H.: Digitale Kleinrechner. VDI-Z. **112** (1970) 7, S. 419–422.
Schneegluth-Cugat, C.: Vollautomatische Kesseldekatur mit programmiertem Zyklus. Textil-Praxis **25** (1970) 3, S. 174–176.
Forbes, C. A.: Der Computer in der Textilindustrie. Textile Ind. **133** (1969) 10, S. 81–88.
Leykauf, H.: Wesentliche Voraussetzungen zur effektiven Anwendung der EDV. Wirtschaft, Ausg. A **25** (1970) 14, S. 12.
Seidel, L. E.: Computer-Service auf Bestellung. Textile Ind. **133** (1969) 10, S. 123–128.
Oehmen, H.-H.: Stetigförderer. VDI-Z. **112** (1970) 7, S. 441–447.
Fischer, D.: Optimale Beleuchtungsniveaus in Arbeitsräumen. Teil II. Lichttechnik **22** (1970) 3, S. 103–105.
Babinski, C., Chorobinski, A.: Branch-and-Bound-Verfahren bei der räumlichen Planung von Produktionsobjekten. Fertigungstechnik u. Betrieb **20** (1970) 4, S. 211–214.
Hartmann, W.: Die Unfallverhütung als industrielle Führungsaufgabe. Ind. Organis., Zürich **39** (1970) 4, S. 162–166.

Ökonomie

Lieschke, R.: Gestaltung zweckmäßiger Arbeitsplätze in sinnvollen Arbeitsabläufen mit Hilfe von Organisationsmöbeln. ZwF. Z. wirtsch. Fertigung **65** (1970) 3, S. 123–125.
Schilling, W.: Die Elemente heuristischer Arbeitsstudienprogramme. Sozial. Arbeitswiss. **14** (1970) 2, S. 122–153.
Pewsner, A. G., Schtundjuk, W. D.: Wirtschaftliche Rechnungsführung und Leitungstätigkeit, Teil I u. II. Presse der SU, Ausg. A, Berlin (1970) 29, S. 1–16; 37, S. 1–23.
Vorteile – und einige Probleme – bei der Inbetriebnahme einer Fabrik in einem Entwicklungsgebiet. Hosiery Times **42** (1969) 487, S. 59, 95.
Die Textilarbeiterin an ihrem Arbeitsplatz Ind. textile, Paris (1970) 987, S. 101–105.
Kessels, K.: Aufbau einer funktionsfähigen Arbeitsvorbereitung in der Textilindustrie. Melliand Textilber. internat. **51** (1970) 4, S. 478–482.
Langlotz, R.: Die Problematik der Produktivitätsmessung durch internationale Betriebsvergleiche am Beispiel der Baumwollweberei. Melliand Textilber. internat. **51** (1970) 4, S. 406–413.
Monatsübersicht. Textile Organon **40** (1969) 11, S. 185–200.

Sonderfragen

Schleip, W.: Führungskräfte und kybernetisches Gedankengut. Rationali sierung, München **21** (1970) 3, S. 63–66.
Lutz, Th.: Kybernetik, Portrait einer Wissenschaft. VDI-Z. **112** (1970) 7, S. 413–417.
Götze, R.: Die internationale Patentklassifikation und ihre Bedeutung für die rationelle Recherche im Patentschriftenfonds. Neuerer, Ausg. B (1970) 3, S. 67–70, 75–76.
Puhl, G.: Wege zur Lösungsfindung. Ind. Organis., Zürich **39** (1970) 4, S. 155–161.
Völz, H.: Probleme zur Speicherung von Informationen. Mitteilungsbl. Chem. Ges. DDR **17** (1970) 3, S. 33–36.
Zimmermann, W.: Krankenhaushygiene in einer Heil- und Pflegeanstalt. Bekleidungsmedizin **10** (1970) 1, S. 6–8.
Sacki, P.: Die dezentralisierte Bettendesinfektion. Bekleidungsmedizin **10** (1970) 1, S. 9–10.

31 712